Les Ateliers Hachette présentent :

SCIENCES

EXPÉRIMENTALES ET TECHNOLOGIE

Sous la direction de
Jack GUICHARD
Professeur des Universités,
IUFM de PARIS

Lucien DAVID
Inspecteur de l'Éducation nationale

Marie-Christine DECOURCHELLE
Inspectrice de l'Éducation nationale

Françoise GUICHARD
Professeur à l'IUFM de Versailles

Maryse LEMAIRE
Conseillère pédagogique

HACHETTE
Éducation

Je suis en CM1.

SOMMAIRE

Je suis en CM2.

POUR BIEN UTILISER LE MANUEL

Ce manuel comprend les niveaux CM1 et CM2 pour une grande souplesse d'utilisation. Les leçons sont regroupées par thèmes et les niveaux sont identifiés par des mascottes : un raton laveur pour le CM1, un crocodile pour le CM2. Partant d'un **questionnement**, l'accent est porté sur les situations d'**observation** ou d'**expérimentation** pour aboutir à la synthèse des savoirs à retenir.

Le titre annonce la problématique de la leçon.

L'objectif de la leçon.

Je comprends : des schémas explicatifs et des images choisies pour **construire et synthétiser** les connaissances acquises.

J'observe : pour **introduire le questionnement de la leçon** à partir de photos ou de schémas.

? Des questions pour **guider l'observation et l'investigation**.

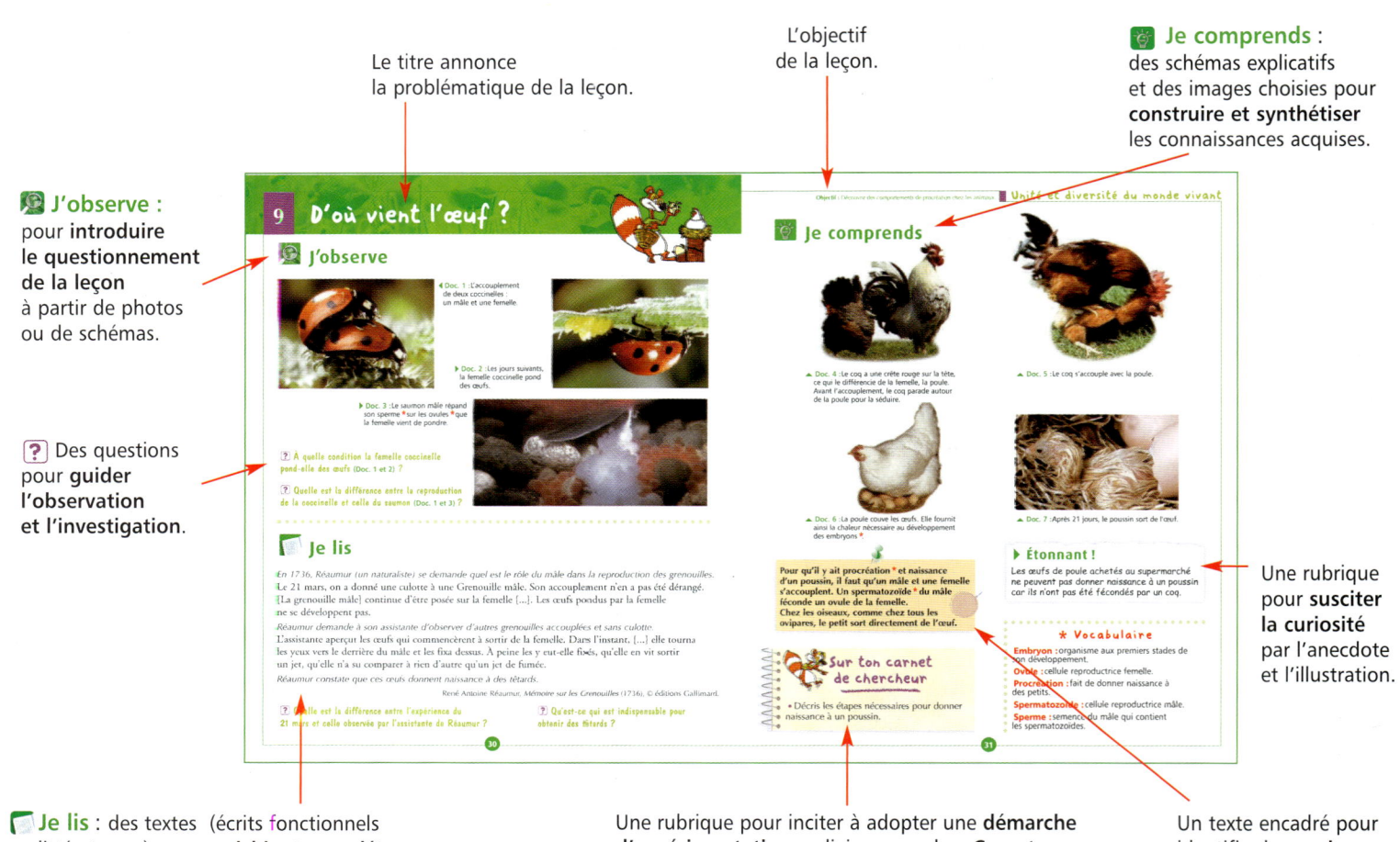

Une rubrique pour **susciter la curiosité** par l'anecdote et l'illustration.

Je lis : des textes (écrits fonctionnels ou littérature...) pour **enrichir** et **compléter** l'expérimentation ou l'observation par la **lecture** en sciences

Une rubrique pour inciter à adopter une **démarche d'expérimentation** en liaison avec le « Carnet d'expériences » préconisé par les programmes. Deux carnets d'expériences, un pour le CM1, un pour le CM2, existent dans la collection « Les Ateliers Hachette ».

Un texte encadré pour identifier le **savoir à retenir**.

Responsable éditoriale : Stéphanie-Paule SAÏSSE

Assistante d'édition : Delphine DEVEAUX

Illustrations : Gilles POING (infographies et dessins techniques), Nathalie DESVERCHÈRE (pp. 13 ; 14-15 ; 16-17 ; 42-45 ; 49-55 ; 60-61 ; 64-65), Alain BOYER (mascottes ; pp. 83 ; 100 ; 110 ; 112-113 ; 128-129)

Cartographie : Hachette Éducation (pp. 23 ; 26-27 ; 29)

Recherche iconographique : Marie-Thérèse MATHIVON, Delphine DEVEAUX

Maquette intérieure : Valérie GOUSSOT

Couverture : Laurent CARRÉ, Alain BOYER, MÉDIAMAX

Adaptation de la maquette intérieure et mise en page : Caroline RIMBAULT

Photogravure : GRAPHIC DATA

www.hachette-education.com

© HACHETTE LIVRE 2005, 43, quai de Grenelle, 75905 Paris Cedex 15
ISBN : 2.01.116416.8

RÉPARTITION DU PROGRAMME SELON LES NIVEAUX

Les **activités** permettent d'atteindre les compétences exigées par les programmes : **avoir compris et retenu des savoirs, être capable de mettre en œuvre des démarches scientifiques**, lier écriture et lecture dans le cadre de la **maîtrise de la langue**. Les savoirs les plus accessibles des programmes de cycle III sont proposés au CE2, laissant au CM1 et au CM2 les savoirs de synthèse.

CE2	CM1	CM2
1. Le ciel et la Terre		
– La lumière et les ombres. – Le mouvement apparent du Soleil.	– Les points cardinaux et la boussole. – La rotation de la Terre sur elle-même et ses conséquences. – La durée du jour et son évolution au cours des saisons.	– Le système solaire et l'Univers. – Mesure des durées, unités. – La Lune. – Manifestations de l'activité de la Terre (volcans, séismes).
2. Unité et diversité du monde vivant		
– Les stades du développement d'un être vivant (animal et végétal). – Reproduction végétale : de la fleur au fruit. – Reproduction non sexuée (bouturage…).	– Les divers modes de reproduction (animale). – Les conditions de développement des végétaux : germination, croissance.	– Notions d'espèce et de classification du vivant. – Des traces de l'évolution des êtres vivants (quelques fossiles typiques). – Grandes étapes de l'histoire de la Terre ; notion d'évolution des êtres vivants.
3. Éducation à l'environnement		
– Approche écologique à partir de l'environnement proche (exemple de la forêt et de la ville).	– Rôle et place des êtres vivants. – Notions de chaîne et de réseaux alimentaires. – Adaptation des êtres vivants aux conditions du milieu (adaptation au froid, approche systémique de l'environnement).	– Trajet et transformations de l'eau dans la nature, cycle de l'eau. – La qualité de l'eau. – Pollution et épuration des eaux.
4. Le corps humain et l'éducation à la santé		
– Les mouvements corporels (fonctionnement des articulations et des muscles).	– Conséquences à court et à long termes de notre hygiène ; actions bénéfiques ou nocives de nos comportements. – Appareil digestif. – Première approche des fonctions de nutrition.	– Respiration et circulation, adaptation à l'effort. – Sexualité et reproduction des humains. – Principes simples de secourisme.
5. La matière		
– États et changements d'état de l'eau. – Mélanges et solutions.	– Plans horizontal, vertical : intérêt de quelques dispositifs techniques.	– L'air, son caractère pesant.
6. Le monde construit par l'homme		
– Circuits électriques alimentés par des piles. – Principes élémentaires de sécurité électrique. – Objets mécaniques ; transmission de mouvements.	– Conducteurs et isolants. – Quelques circuits en série et en dérivation. – Leviers et balances ; équilibres.	– Projets technologiques.
7. L'énergie		
	– Exemples simples de sources d'énergie utilisables.	– Consommation et économie d'énergie. – Notions sur le chauffage solaire.
8. Informatique et TIC		
– Approche des principales fonctions des micro-ordinateurs.	– Utilisation raisonnée d'un ordinateur et de quelques logiciels.	– Brevet d'informatique et d'Internet (B2i).

J'observe

▶ **Pour pouvoir s'orienter et se diriger dans la nature, sans l'aide d'instruments, l'homme a besoin de repères.**

▲ Doc. 1 : Le ciel étoilé.

▲ Doc. 2 : Un Touareg dans le désert.

[?] **En t'aidant de ces photos** (Doc. 1 et 2), **indique quels repères l'homme peut utiliser de jour et de nuit.**

 ## Je lis

▶ **De nombreux chemins de randonnées sont remis en état pour le plus grand plaisir des promeneurs.**

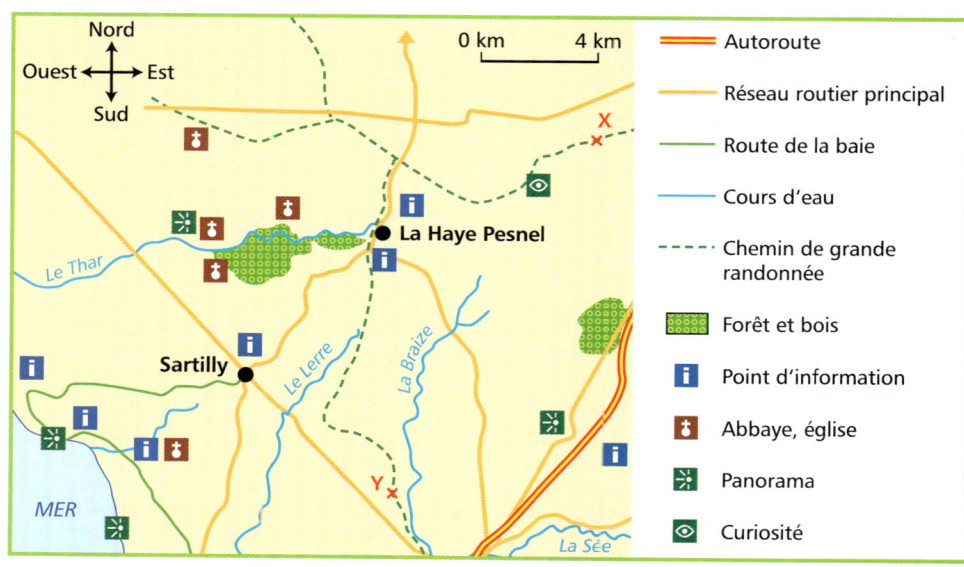

Nord
Ouest ← → Est
Sud

0 km   4 km

— Autoroute
— Réseau routier principal
— Route de la baie
— Cours d'eau
--- Chemin de grande randonnée
Forêt et bois
[i] Point d'information
Abbaye, église
Panorama
[👁] Curiosité

[?] **À l'aide de cette carte, suis l'itinéraire qui va te conduire du point X vers le point Y.**

[?] **Indique les directions que tu dois emprunter. Utilise les points cardinaux*.**

◀ Doc. 3 : La carte de la région de Sartilly, dans le département de la Manche.

Je comprends

▶ **Par temps clair, nous pouvons nous orienter la nuit grâce aux étoiles et aux constellations*.**

▲ **Doc. 4** : Les étoiles semblent se déplacer la nuit à cause de la rotation de la Terre. Cette photo a été prise avec un long temps de pause. Les traces lumineuses sont les trajectoires des étoiles pendant ce temps de pause.

[?] **L'Étoile polaire est au centre de la photo** (Doc. 4). **A-t-elle une trace lumineuse ?**

[?] **Pourquoi l'Étoile polaire est-elle un point de repère la nuit ?**

▶ **Étonnant !**

Certains oiseaux migrateurs* s'orientent dans leur voyage grâce à la position du Soleil, de la Lune et des étoiles.

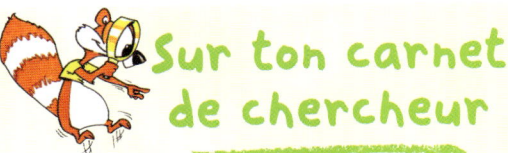 **Sur ton carnet de chercheur**

• Suis les instructions pour dessiner une rose des vents avec un compas.

Dans la nature, le Soleil et les étoiles peuvent servir de points de repère.
Le Nord est le premier des points cardinaux. Par convention, sur une carte, on place toujours le **Nord** en haut, l'**Est** à droite, le **Sud** en bas et l'**Ouest** à gauche.

* Vocabulaire

Constellation : groupe d'étoiles fixes et voisines. Si on trace des lignes imaginaires entre ces étoiles, elles forment une figure : la Grande Ourse a la forme d'une casserole.

Oiseau migrateur : espèce animale qui se déplace selon un rythme saisonnier, souvent sur plusieurs milliers de kilomètres.

Points cardinaux : repères qui permettent de s'orienter sur Terre et d'indiquer une direction.

2 Comment fonctionne une boussole ?

J'observe

▶ **Il existe différents types de boussoles.**

◀ **Doc. 1 :** Une boussole à cadran fixe et à aiguille sur pivot.

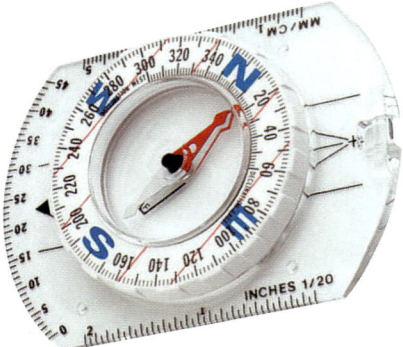

▲ **Doc. 3 :** Une boussole Silva à cadran mobile, avec une flèche d'orientation appelée « pointeur » et une règle pour mesurer les distances sur la carte.

◀ **Doc. 2 :** Une boussole à cadran mobile, avec une flèche d'orientation appelée « pointeur ».

? **Observe ces boussoles** (Doc. 1 à 3). **Décris leurs différences.**

? **Quelle direction indique l'aiguille des trois boussoles ?**

Je lis

Pour trouver ton chemin avec rapidité et précision, il faut avoir une carte et une boussole. La carte sert à établir un itinéraire et la boussole à suivre les azimuts* que tu prends sur la carte ou sur le terrain. La boussole permet aussi d' « orienter » une carte et de trouver ta position sur la carte.

Pour prendre l'azimut, tu dois suivre plusieurs étapes.

❶ Prends un arbre comme point de repère.

❷ Tiens la boussole à plat dans la paume de ta main, à hauteur de la poitrine.

❸ Tourne ton corps jusqu'à ce que la flèche d'orientation de la boussole pointe vers l'arbre.

❹ Imagine qu'une ligne droite relie l'arbre au centre de la boussole.

❺ Tourne le cadran de la boussole jusqu'à ce que l'aiguille rouge et le pointeur soient alignés.

❻ Lis la direction indiquée. C'est ton azimut.

Azimut
N

? **Choisis un point de repère dans la cour de l'école et exerce-toi à prendre l'azimut.**

Je comprends

▶ **Voici l'expérience de Tom pour montrer que la boussole est une aiguille aimantée.**

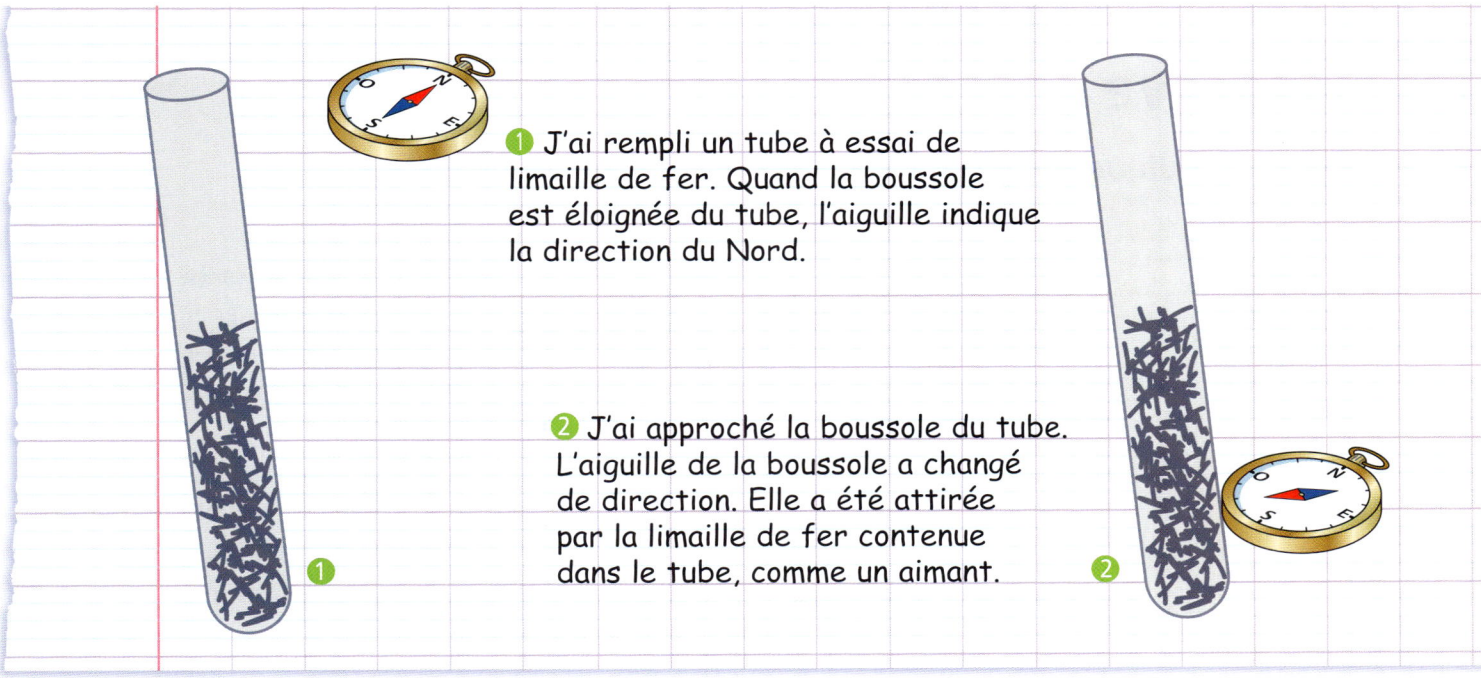

1 J'ai rempli un tube à essai de limaille de fer. Quand la boussole est éloignée du tube, l'aiguille indique la direction du Nord.

2 J'ai approché la boussole du tube. L'aiguille de la boussole a changé de direction. Elle a été attirée par la limaille de fer contenue dans le tube, comme un aimant.

[?] Qu'indique l'aiguille de la boussole quand elle est éloignée de la limaille de fer ?

[?] Qu'indique l'aiguille de la boussole quand elle est proche de la limaille de fer ?

[?] Que peux-tu en conclure ?

Tous les aimants ont un pôle Nord et un pôle Sud. **La Terre est un gigantesque aimant.** C'est pourquoi **l'aiguille aimantée d'une boussole est toujours orientée selon une ligne Nord-Sud.** La boussole permet de s'orienter avec précision.

▶ **Étonnant !**

Le champ magnétique* de la Terre s'étend jusqu'à 80 000 km dans l'espace. Il forme une énorme « bulle magnétique » qui entoure notre planète.

Sur ton carnet de chercheur

• Imagine et fabrique une boussole flottante. Rédige le compte rendu de ton expérience.

* Vocabulaire

Azimut : angle formé par une direction avec le Nord. L'azimut se mesure à partir du Nord dans le sens des aiguilles d'une montre.

Champ magnétique : zone autour de l'aimant à l'intérieur de laquelle se ressent la force de l'aimant.

3 Comment expliquer la succession des saisons ?

J'observe

▶ Ce calendrier indique les heures de lever et de coucher du Soleil.

Mars				Juin				Septembre				Décembre		
Date	Heure de lever	Heure de coucher		Date	Heure de lever	Heure de coucher		Date	Heure de lever	Heure de coucher		Date	Heure de lever	Heure de coucher
1	7 h 34	18 h 33		1	5 h 53	21 h 44		1	7 h 09	20 h 31		1	8 h 25	16 h 55
2	7 h 32	18 h 35		2	5 h 53	21 h 45		2	7 h 11	20 h 29		2	8 h 26	16 h 54
3	7 h 30	18 h 36		3	5 h 52	21 h 46		3	7 h 12	20 h 27		3	8 h 27	16 h 54
4	7 h 28	18 h 38		4	5 h 52	21 h 47		4	7 h 13	20 h 25		4	8 h 28	16 h 53
5	7 h 26	18 h 39		5	5 h 51	21 h 48		5	7 h 15	20 h 23		5	8 h 29	16 h 53
6	7 h 24	18 h 41		6	5 h 51	21 h 49		6	7 h 16	20 h 21		6	8 h 31	16 h 53
7	7 h 21	18 h 43		7	5 h 50	21 h 49		7	7 h 18	20 h 19		7	8 h 32	16 h 53
8	7 h 19	18 h 44		8	5 h 50	21 h 50		8	7 h 19	20 h 16		8	8 h 33	16 h 52
9	7 h 17	18 h 46		9	5 h 49	21 h 51		9	7 h 20	20 h 14		9	8 h 34	16 h 52
10	7 h 15	18 h 47		10	5 h 49	21 h 52		10	7 h 22	20 h 12		10	8 h 35	16 h 52
11	7 h 13	18 h 49		11	5 h 49	21 h 52		11	7 h 23	20 h 10		11	8 h 36	16 h 52
12	7 h 11	18 h 50		12	5 h 49	21 h 53		12	7 h 25	20 h 08		12	8 h 37	16 h 52
13	7 h 09	18 h 52		13	5 h 48	21 h 53		13	7 h 26	20 h 06		13	8 h 38	16 h 52
14	7 h 07	18 h 53		14	5 h 48	21 h 54		14	7 h 27	20 h 04		14	8 h 38	16 h 52
15	7 h 05	18 h 55		15	5 h 48	21 h 54		15	7 h 29	20 h 02		15	8 h 39	16 h 53
16	7 h 03	18 h 56		16	5 h 48	21 h 55		16	7 h 30	20 h 00		16	8 h 40	16 h 53
17	7 h 01	18 h 58		17	5 h 48	21 h 55		17	7 h 32	19 h 57		17	8 h 41	16 h 53
18	6 h 59	18 h 59		18	5 h 48	21 h 55		18	7 h 33	19 h 55		18	8 h 41	16 h 53
19	6 h 57	19 h 01		19	5 h 49	21 h 56		19	7 h 35	19 h 53		19	8 h 42	16 h 54
20	6 h 54	19 h 03		20	5 h 49	21 h 56		20	7 h 36	19 h 51		20	8 h 43	16 h 54
21	6 h 52	19 h 04		21	5 h 49	21 h 56		21	7 h 37	19 h 49		21	8 h 43	16 h 55
22	6 h 50	19 h 06		22	5 h 49	21 h 56		22	7 h 39	19 h 47		22	8 h 44	16 h 55
23	6 h 48	19 h 07		23	5 h 49	21 h 56		23	7 h 40	19 h 45		23	8 h 44	16 h 56
24	6 h 46	19 h 09		24	5 h 50	21 h 56		24	7 h 42	19 h 43		24	8 h 44	16 h 56
25	6 h 44	19 h 10		25	5 h 50	21 h 56		25	7 h 43	19 h 40		25	8 h 45	16 h 57
26	6 h 42	19 h 12		26	5 h 51	21 h 56		26	7 h 45	19 h 38		26	8 h 45	16 h 58
27	6 h 40	19 h 13		27	5 h 51	21 h 56		27	7 h 46	19 h 36		27	8 h 45	16 h 59
28	7 h 38	20 h 15		28	5 h 51	21 h 56		28	7 h 47	20 h 34		28	8 h 46	16 h 59
29	7 h 36	20 h 16		29	5 h 52	21 h 56		29	7 h 49	20 h 32		29	8 h 46	17 h 00
30	7 h 33	20 h 18		30	5 h 53	21 h 56		30	7 h 50	20 h 30		30	8 h 46	17 h 01
31	7 h 31	20 h 19										31	8 h 46	17 h 02

? Calcule la durée d'ensoleillement (entre le lever et le coucher du Soleil) pour le 15 de chaque mois. Que constates-tu ?

? À quelle période les durées d'ensoleillement sont-elles les plus courtes ?

? À quelle saison correspond la durée d'ensoleillement la plus courte ? la plus longue ?

Je lis

▶ Observe attentivement ces deux schémas d'expérience.

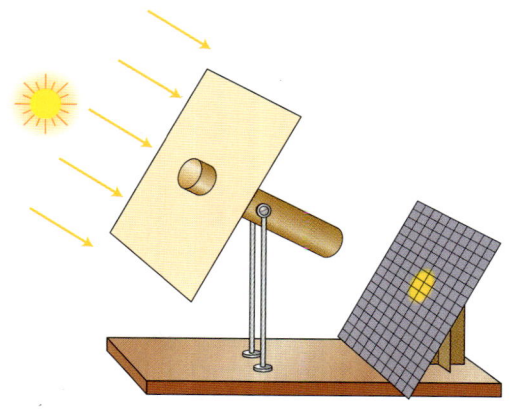

▲ Expérience 1.

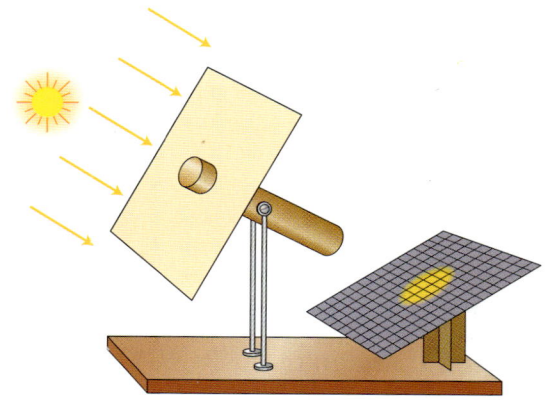

▲ Expérience 2.

? Décris le dispositif de l'expérience 1, puis de l'expérience 2.

? Combien de carreaux sont éclairés dans chaque position ?

? À ton avis, à quelle saison correspond chaque expérience ?

Je comprends

▶ **Tout en tournant sur son axe, la Terre parcourt une orbite autour du Soleil. Le Soleil éclaire plus ou moins la Terre selon sa position.**

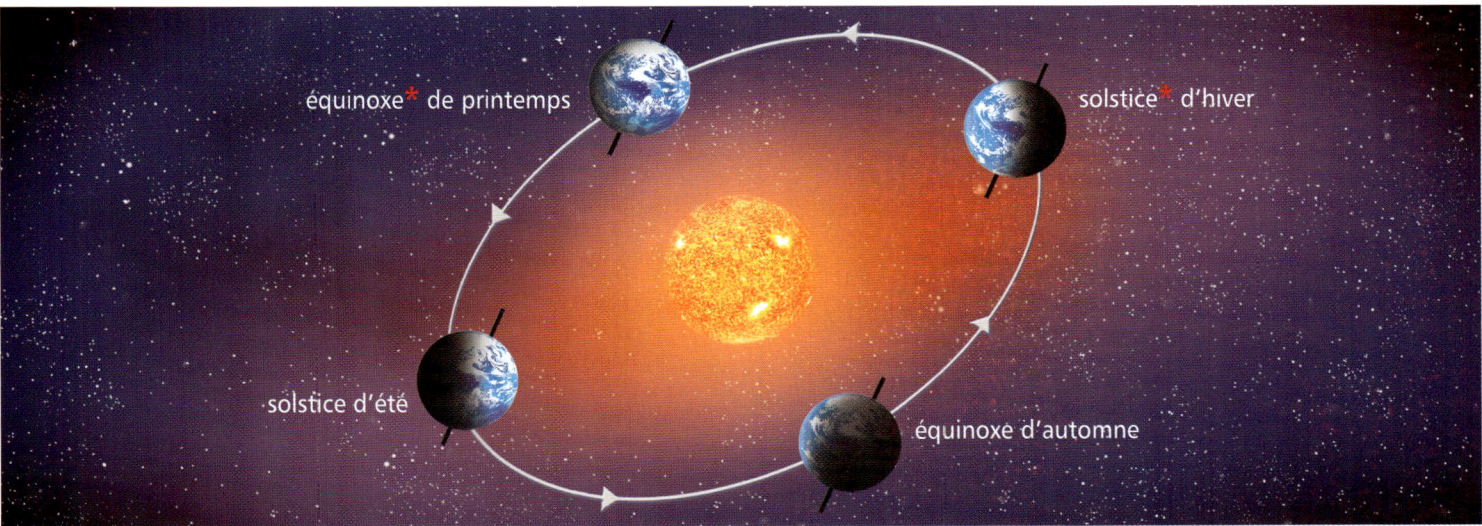

équinoxe* de printemps
solstice* d'hiver
solstice d'été
équinoxe d'automne

▲ **Doc. 1** : La révolution de la Terre autour du Soleil et les saisons.

La Terre tourne autour du Soleil en une année de 365 jours et 6 heures. Au cours de la rotation* de la Terre sur elle-même, **l'axe des pôles de la Terre conserve toujours la même inclinaison** : il reste toujours parallèle à lui-même et est dirigé vers l'Étoile polaire. Le Soleil donne à la Terre sa chaleur et sa lumière. Chaque point de la Terre est donc éclairé plus ou moins longtemps, plus ou moins intensément selon sa position par rapport au Soleil. **C'est la révolution* de la Terre autour du Soleil et l'inclinaison de l'axe des pôles qui expliquent la succession des saisons.**

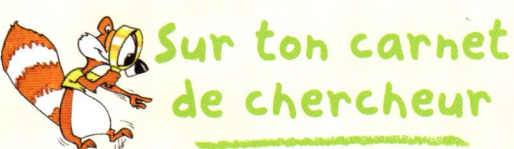

Sur ton carnet de chercheur

• Tout au long de l'année scolaire, choisis deux jours par mois dans le calendrier. Reporte sur un graphique le relevé de la durée d'ensoleillement de ces jours.

▶ **Étonnant !**

Pour les régions proches de l'équateur, l'alternance des saisons est très peu marquée. En Afrique occidentale, on ne parle que de deux saisons : la saison sèche et la saison des pluies. En Inde, c'est la mousson qui rythme l'année.

* Vocabulaire

Équinoxe : position particulière de la Terre sur son orbite autour du Soleil. Le Soleil est à la verticale de l'équateur et la durée du jour est égale à celle de la nuit.

Révolution : trajectoire de la Terre autour du Soleil.

Rotation : mouvement de la Terre qui tourne sur elle-même.

Solstice : position particulière de la Terre sur son orbite autour du Soleil. Le solstice d'été, vers le 21 juin, est la journée la plus longue de l'année. Le solstice d'hiver, vers le 21 décembre, est la journée la plus courte de l'année dans l'hémisphère Nord.

Zoom sur...

*Dans notre petit coin d'Univers, le Soleil est au centre d'un système de neuf planètes :
le système solaire.*

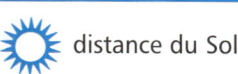

	MERCURE	VÉNUS	TERRE	MARS
distance du Soleil	58 millions de km	110 millions de km	150 millions de km	230 millions de km
diamètre	4 900 km	12 200 km	12 750 km	6 760 km
durée de la rotation	58,7 jours	243 jours	23,93 heures	24,6 heures
durée de la révolution	88 jours	225 jours	365 jours	687 jours

[?] **Quelle est la planète la plus petite ? la plus grande ?**

[?] **Quelle planète a une taille très proche de celle de la Terre ?**

ET LE SYSTÈME SOLAIRE

Les planètes gravitent autour du Soleil en tournant sur elles-mêmes. Le Soleil produit de la lumière : c'est une étoile.

Le dessin n'est pas réalisé à l'échelle.

JUPITER	SATURNE	URANUS	NEPTUNE	PLUTON
☼ 780 millions de km	☼ 1 400 millions de km	☼ 2 900 millions de km	☼ 4 500 millions de km	☼ 5 900 millions de km
∅ 143 000 km	∅ 120 000 km	∅ 52 000 km	∅ 49 000 km	∅ 2 300 km
↻ 9,93 heures	↻ 10,67 heures	↻ 17,24 heures	↻ 16,11 heures	↻ 6,39 heures
⟲ 4 333 jours	⟲ 10 760 jours	⟲ 30 600 jours	⟲ 60 190 jours	⟲ 90 700 jours

[?] Sur Terre, un jour correspond à la durée de rotation de la Terre sur elle-même : environ **24 heures**. Combien dure « un jour » sur Jupiter ?

[?] Sur Terre, une année correspond à la durée de révolution de la Terre autour du Soleil : **365 jours**. Combien dure une « année » sur Saturne ?

4 La Lune change-t-elle réellement de forme ?

 J'observe

▲ **Doc. 1 :** Premier croissant.

▲ **Doc. 2 :** Premier quartier.

▲ **Doc. 3 :** Lune gibbeuse.

▲ **Doc. 4 :** Pleine Lune.

▲ **Doc. 5 :** Lune gibbeuse.

▲ **Doc. 6 :** Dernier quartier.

▲ **Doc. 7 :** Dernier croissant.

▲ **Doc. 8 :** Nouvelle Lune.

❓ **Observe ces différentes phases* de la Lune (Doc. 1 à 8).**

❓ **Quelle forme la Lune présente-t-elle à chaque phase ?**

 Je lis

C'était dans la nuit brune,
Sur le clocher jauni,
La Lune,
Comme un point sur un i.

Lune, quel esprit sombre
Promène au bout du fil,
Dans l'ombre,
Ta face et ton profil ? […]

N'es-tu rien qu'une boule ?
Qu'un grand faucheux bien gras
Qui roule
Sans pattes et sans bras ?

Est-ce un ver qui te ronge,
Quand ton disque noirci
S'allonge
En croissant rétréci ? […]

Alfred de Musset, « Ballade à la Lune », *Premières Poésies* (1852).

❓ **Quelles phases de la Lune Alfred de Musset évoque-t-il dans ce poème ?**

❓ **Dessine ces différentes phases.**

Je comprends

▶ Ce schéma présente les phases de la Lune au cours de sa révolution autour de la Terre. Les vignettes représentent de quelle manière on voit la Lune depuis la Terre à chacune des phases.

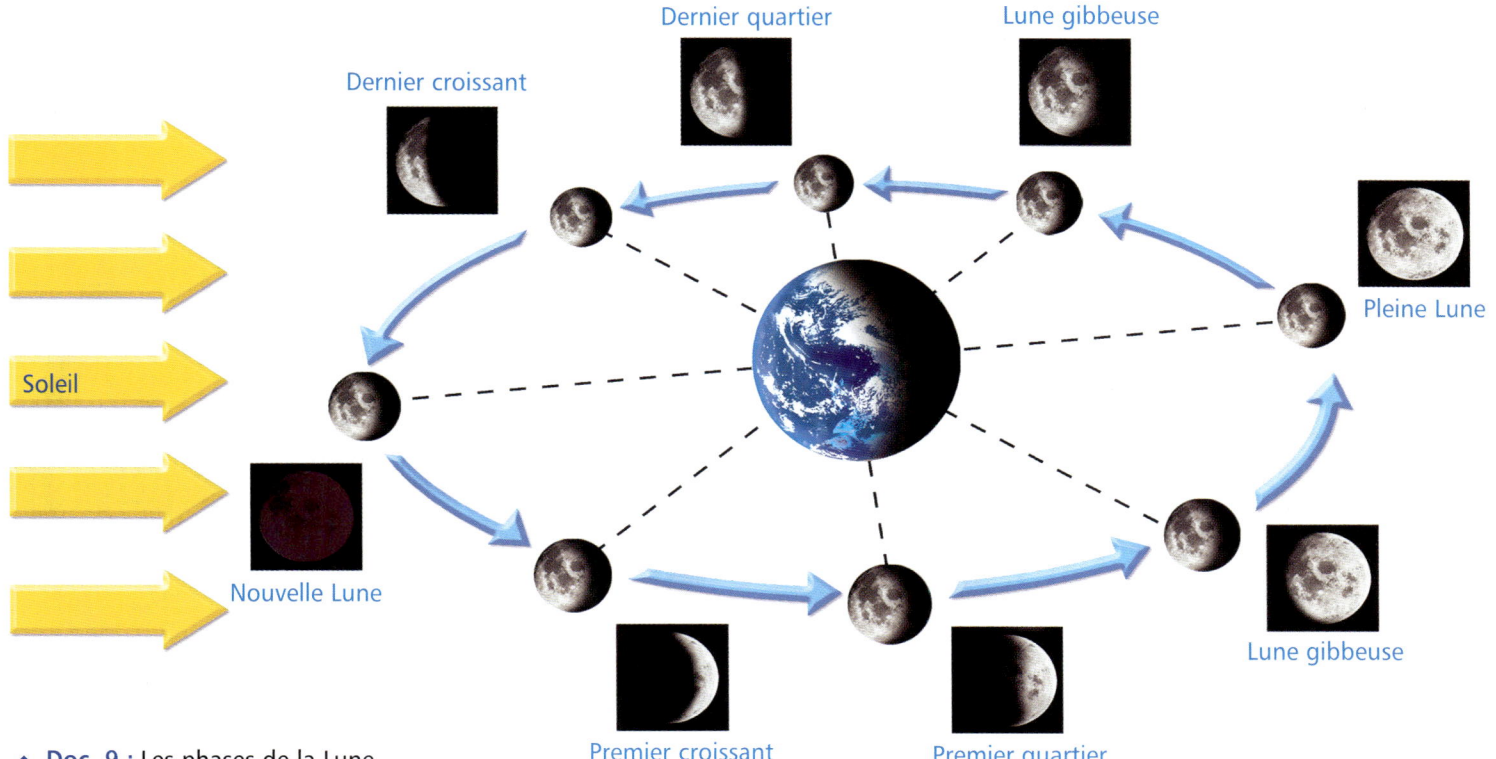

Dernier quartier

Lune gibbeuse

Dernier croissant

Pleine Lune

Soleil

Nouvelle Lune

Premier croissant

Premier quartier

Lune gibbeuse

▲ **Doc. 9 :** Les phases de la Lune au cours de son orbite autour de la Terre.

La Lune est plus petite que la Terre. Elle est visible parce qu'elle est **éclairée par le Soleil**, dont elle nous renvoie la lumière. **Sa forme semble changer car nous ne voyons qu'une portion de cette partie éclairée. Ce sont les phases.**

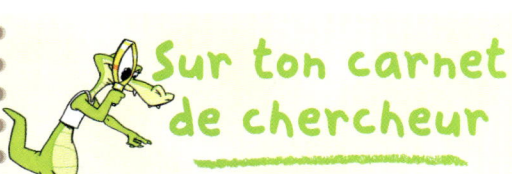

Sur ton carnet de chercheur

● Observe la Lune pendant un mois et dessine sa forme chaque soir.

[?] Observe la position du Soleil et celle de la Lune par rapport à un observateur sur Terre. Pourquoi ne voit-on pas la Lune lors de la Nouvelle Lune ?

[?] Décris ce qui se passe lors de la Pleine Lune.

▶ Étonnant !

Tandis qu'elle tourne autour de la Terre, la Lune fait aussi un tour sur elle-même. Elle nous présente toujours la même face. C'est pourquoi nous ne verrons jamais « la face cachée de la Lune » si nous restons sur Terre !

✳ Vocabulaire

Phase : changement de forme apparent de la Lune.

J'observe

◀ **Doc. 1** : Une pendule à aiguilles.

[?] **À quoi sert chacun de ces deux objets (Doc. 1 et 2) ?**

[?] **Peuvent-ils servir à la même chose ? Pourquoi ?**

▲ **Doc. 2** : Un chronomètre.

Je lis

Le moyen probablement le plus ancien de mesurer le temps est de compter des cycles ou des rythmes, tels que le battement du pouls*, l'alternance des jours et des nuits, le retour des saisons. Le calendrier est né, dans les civilisations agraires, de la nécessité de pouvoir déterminer l'époque des semailles et celle des moissons. Notre calendrier est un calendrier solaire et l'année y est de 365 jours.

TDC n° 415, « Mesurer », CNDP, 1986.

[?] **Recherche dans le texte les moyens utilisés pour mesurer le temps et les durées dans les temps anciens.**

[?] **Comment est né le calendrier ?**

▶ Étonnant !

En 1602, Galilée compara le balancement des lustres de la cathédrale de Pise avec son propre pouls. Ce balancement régulier lui donna l'idée d'une invention pour fractionner le temps : le pendule*.

Je comprends

▶ **Voici l'emploi du temps de la classe de CM2 d'Élodie. Il indique à la fois des heures et des durées.**

8 h 30 Sciences Durée : 1 heure	13 h 00 Mathématiques Durée : ... minutes
... Lecture Durée : 30 minutes	13 h 30 Histoire Durée : 45 minutes
10 h 00 Récréation Durée : 15 minutes	... Récréation Durée : 15 minutes
... Poésie Durée : ... minutes	... EPS Durée : ... heure
10 h 45 Géométrie Durée : ... minutes	15 h 30 Dessin Durée : 1 heure
11 h 30 Pause-repas Durée : ... heure ... minutes	... Sortie des classes

? À quelle heure débute la séance de lecture ? et celle de poésie ?

? À quelle heure la classe est-elle en récréation l'après-midi ?

? Combien de temps dure la séance de poésie ? celle de géométrie ? la pause-repas ? et la séance d'EPS ?

? À quelle heure a lieu la sortie des classes ?

Pour mesurer le temps qui passe, il ne suffit pas de connaître **la durée des événements,** il faut aussi connaître **l'heure avec précision.** 1 jour est divisé en 24 heures. 1 heure est divisée en 60 minutes et 1 minute en 60 secondes.

 Sur ton carnet de chercheur

- Quels outils permettent de mesurer la durée ? Quels outils permettent de mesurer l'heure ?

* Vocabulaire

Pendule : un pendule est une masse qui se balance régulièrement, suspendue à un fil.

Pouls : perception des battements du cœur.

Les hommes ont depuis longtemps imaginé des instruments pour mesurer le temps.
Ils se sont d'abord servis des éléments naturels, comme le Soleil. Puis les progrès des connaissances
et des techniques leur ont permis de fabriquer des instruments plus précis et indépendants
des éléments naturels.

▲ **Doc. 1 :** Un cadran solaire est une horloge
à ombre qui utilise le déplacement apparent
du Soleil.

◀ **Doc. 2 :** Un sablier utilise
l'écoulement régulier
du sable.

◀ **Doc. 3 :** Une clepsydre
utilise l'écoulement
régulier de l'eau.

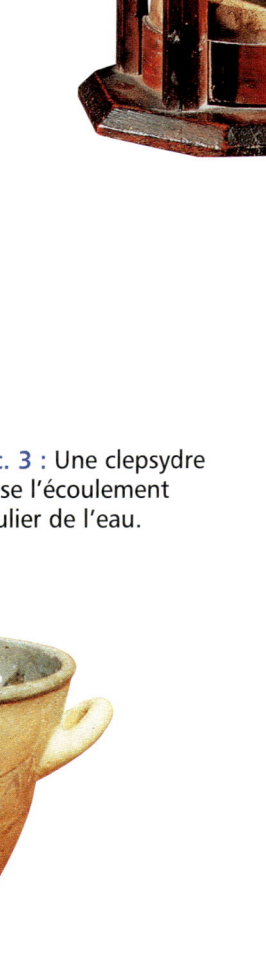

▲ **Doc. 4 :** Une horloge à huile
utilise la combustion régulière
de l'huile.

◀ **Doc. 5** : Une pendule mécanique utilise l'oscillation régulière d'un pendule et la chute d'un poids.

▲ **Doc. 6** : Un radio-réveil à affichage digital.

? **Qu'utilise chaque instrument pour mesurer le temps** (Doc. 1 à 6) **?**

▶ Étonnant !

C'est pour « garder le temps » la nuit, mais aussi les jours sans soleil, que l'homme a inventé les clepsydres, les sabliers et les horloges à huile ou à bougie.

Sur ton carnet de chercheur

• Choisis un des instruments de mesure du temps. Dessine-le, puis explique comment il fonctionne.

J'observe

▲ Doc. 1 : La ville de Kōbe, au Japon, en 1995.

[?] **Observe ces deux photos.**

▶ Doc. 2 : Vue aérienne de la faille*
de San Andreas, en Californie.

[?] **Que s'est-il passé sur le Doc. 1 ?**

[?] **Que vois-tu à la surface de la Terre (Doc. 2) ?**

Je lis

Un séisme en Californie

Le 26 mai 1983, à Coalinga : le shérif lève les yeux pour vérifier d'un coup d'œil à la pendule
si la journée est suffisamment avancée pour qu'il puisse décemment mettre la clé sous la porte.
La pendule marque 16 h 42. Mais elle n'ira pas plus loin. À cet instant précis, une rumeur sourde
annonce la catastrophe. On croirait entendre un train de marchandises lancé à toute vitesse
qui foncerait sur Coalinga. Vingt-six secondes plus tard, tout est consommé. La petite ville
californienne, située sur le versant oriental des Coast Ranges, n'est plus qu'un tas de décombres.
Une secousse tellurique* d'intensité moyenne (6,5 sur l'échelle de Richter*) vient de jeter la panique
parmi les habitants et de tout détruire de fond en comble dans l'agglomération. Ses effets se feront
sentir dans toute la Californie, à plusieurs centaines de kilomètres de distance.

Rubrique « Géoscience », © *Géo*, n° 56, octobre 1983.

[?] **Recherche dans un dictionnaire et un atlas où se situent la Californie et le massif des Coast Ranges.**

[?] **Relève dans le texte les mots et les expressions qui traduisent la violence et la rapidité du séisme.**

Objectif : Comprendre une manifestation de l'activité de la Terre : les séismes.

Le ciel et la Terre

Je comprends

▶ **Ce planisphère présente la localisation des séismes dans le monde.**

◀ **Doc. 3 :** Les séismes dans le monde. Sur cette carte, chaque point rouge correspond à un séisme.

? **Cite des pays fortement touchés par les séismes.**

La surface de la Terre est divisée en **une quinzaine de plaques tectoniques**. Elles se déplacent en un lent mouvement continu les unes par rapport aux autres. **Aux points de contact entre deux plaques, une faille* apparaît** là où les roches ne coulissent pas facilement, se chevauchent ou s'écartent. Parfois, un mouvement brusque se produit : c'est **la secousse sismique**.

▶ **Étonnant !**

Lors d'un séisme, les failles verticales peuvent décaler la surface du sol de plusieurs mètres de haut (6 mètres à El Asnam, en Algérie, en 1980).

Sur ton carnet de chercheur

• Place sur la carte des plaques tectoniques les lieux de ces séismes catastrophiques : Bam, Lisbonne, San Francisco, Agadir, El Asnam, Mexico, Kōbe, Spitak.

* Vocabulaire

Échelle de Richter : mesure de la magnitude d'un tremblement de terre, c'est-à-dire de l'énergie libérée par le séisme à son foyer. L'échelle comporte 9 degrés, 1 pour le plus faible, 9 pour le plus fort.

Faille : cassure en longueur plus ou moins large à la surface de la Terre.

Secousse tellurique : secousse de la Terre, tremblement de terre, séisme.

J'observe

▲ **Doc. 1** : La chaîne des Puys d'Auvergne, en France.

▲ **Doc. 2** : Le mont Saint Helens, aux États-Unis.

▲ **Doc. 3** : Le volcan Kilauea, à Hawaï.

[?] **Observe ces photos** (Doc. 1 à 3). **Décris ce que tu vois.**

[?] **D'après toi, d'où viennent la lave et les fumées des** Doc. 2 et 3 **?**

[?] **Pourquoi dit-on que le volcan du** Doc. 1 **est « éteint » ?**

Je lis

Les hommes ont longtemps cru qu'un volcan était une montagne qui crachait des flammes et vomissait des torrents de feu. Ils se trompaient. Dans les volcans, il n'y a pas de feu, mais des roches fondues par la chaleur intense qui règne à l'intérieur de la Terre. Elles sont incandescentes*, rouges, parce qu'elles sont très chaudes, mais elles ne brûlent pas.

Maurice Krafft, *Les Volcans et leurs Secrets*, Nathan, 1984.

[?] **Comment Maurice Krafft définit-il un volcan ?**

[?] **Qu'y a-t-il à l'intérieur d'un volcan ?**

▶ Étonnant !

Certaines cendres sont projetées si haut dans le ciel qu'elles sont mises en orbite et tournent plusieurs mois autour de la Terre ! Elles obscurcissent le ciel et font baisser la température sur la Terre.

Je comprends

▶ **Ce schéma te présente la structure d'un volcan.**

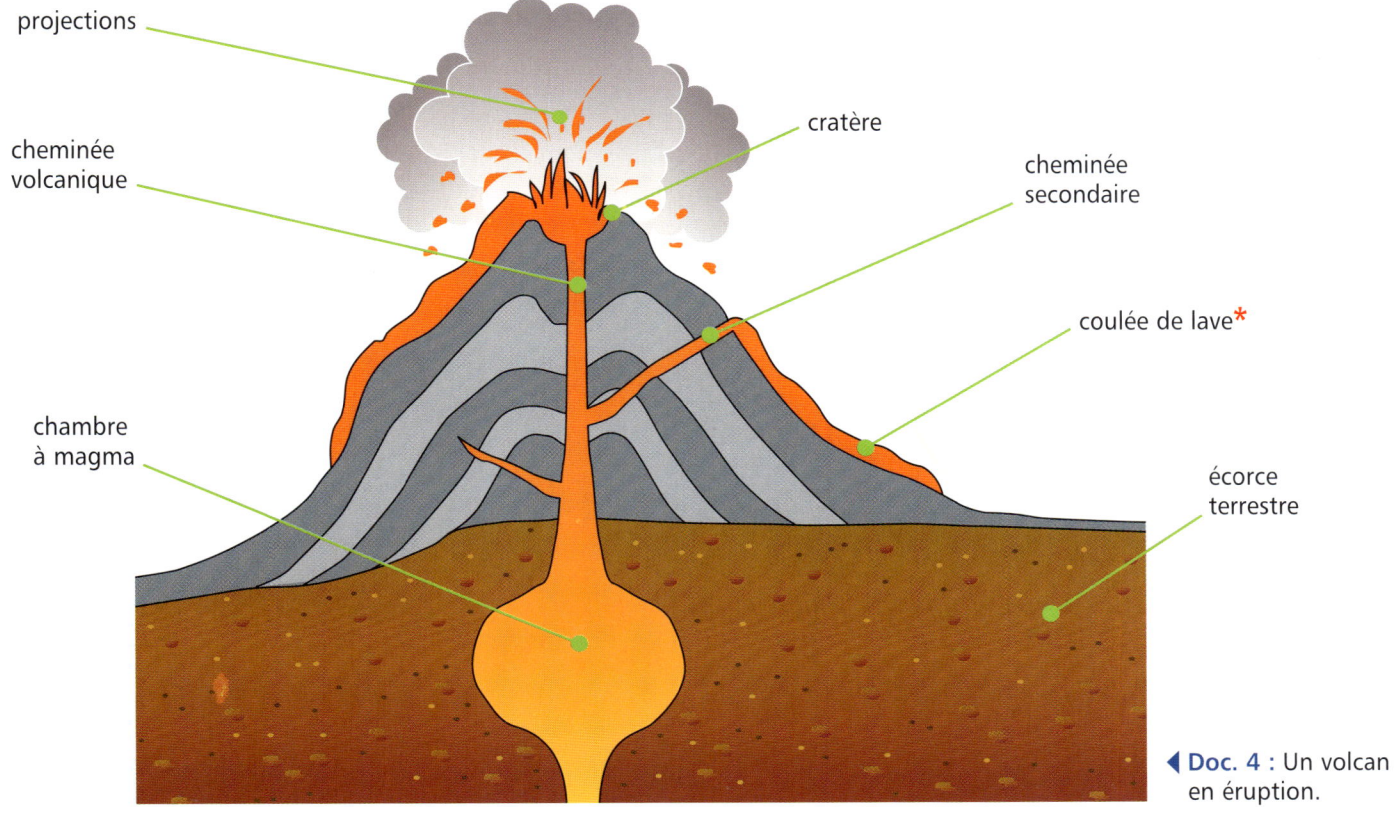

projections

cheminée volcanique

chambre à magma

cratère

cheminée secondaire

coulée de lave*

écorce terrestre

◀ **Doc. 4 :** Un volcan en éruption.

? Fais une recherche sur les projections volcaniques.

Les éruptions* volcaniques sont presque toujours précédées de faibles tremblements de terre. Ceux-ci entraînent **des mouvements de la fracture terrestre sur laquelle est situé le volcan. Le magma, sous pression, sort par une fissure** ouverte parfois de façon explosive. **La lave**, formée de roches en fusion à plus de 1 000 °C, **jaillit et s'écoule hors du volcan.**
La lave, les cendres et les autres matériaux expulsés constituent le cône volcanique.
Il existe deux types de volcans :
– **les volcans gris avec émission explosive de gaz et de cendres ;**
– **les volcans rouges avec des coulées de lave (effusion) qui sortent du cratère.**

Sur ton carnet de chercheur

• À l'aide des définitions proposées, complète la grille de mots croisés sur les volcans.

✳ Vocabulaire

Éruption : manifestation de la Terre qui se traduit par la projection par un volcan de lave, de cendres, de fumées ou de gaz.

Incandescent : très chaud, sans flamme.

Lave : matière en fusion qui jaillit lors des éruptions volcaniques et qui se refroidit sous différentes formes (cendres, pierres…).

Zoom sur... VOLCANS

Le mouvement des plaques tectoniques entraîne des effets plus importants en certains points du globe. La carte des volcans et des séismes montre bien les zones à risques à la surface de la Terre.

Islande

ASIE

EUROPE

Japon

tropique du Cancer

Arabie

Philippines

AFRIQUE

équateur

océan

océan

Madagascar

Indonésie

Papouasie

Réunion

tropique du Capricorne

Indien

AUSTRALIE

Atlantique

- 🌋 principaux volcans
- 🟢 limite de plaques
- • zones de séismes
- ← sens du mouvement de la plaque

2 500 km

❓ Compare la localisation des séismes et des volcans. Que remarques-tu ?

ET SÉISMES DANS LE MONDE

? N'y a-t-il des volcans que sur les continents ?

27

J'observe

▲ **Doc. 1** : Le tremblement de terre d'Arette, dans les Pyrénées-Atlantiques, le 13 août 1967.

▲ **Doc. 2** : L'éruption du Piton de la Fournaise, à la Réunion, en août 2004.

[?] Recherche dans un atlas où ont été prises les photos des Doc. 1 et 2.

[?] Observe le Doc. 2. Que se serait-il passé s'il y avait eu des habitations à cet endroit ?

[?] Utilise les Doc. 1 et 2 pour décrire deux risques naturels qui existent en France métropolitaine et en Outre-mer.

 ## Je lis

Une éruption volcanique à la Réunion

Crachant de la lave à 50 mètres de haut, un cratère d'une hauteur de 5 à 8 mètres s'est formé, le 31 août, à l'île de la Réunion, en bordure de mer, sur la plate-forme d'environ 5 hectares constituée par la dernière coulée du volcan du Piton de la Fournaise. Entré en éruption à plus de 2 000 mètres d'altitude le 13 août, le volcan a déversé des torrents de lave dans la mer. [...] Le magma provient d'une profondeur de 2 km sous la mer.

Le Monde, « Le cratère marin du volcan du Piton de la Fournaise », 5-6 septembre 2004.

[?] Où s'est formé le cratère ?

[?] Utilise ce texte et le Doc. 2 pour décrire l'éruption du Piton de la Fournaise.

Je comprends

▶ **La carte du zonage sismique définit cinq zones pour l'application des règles de construction parasismique*.**

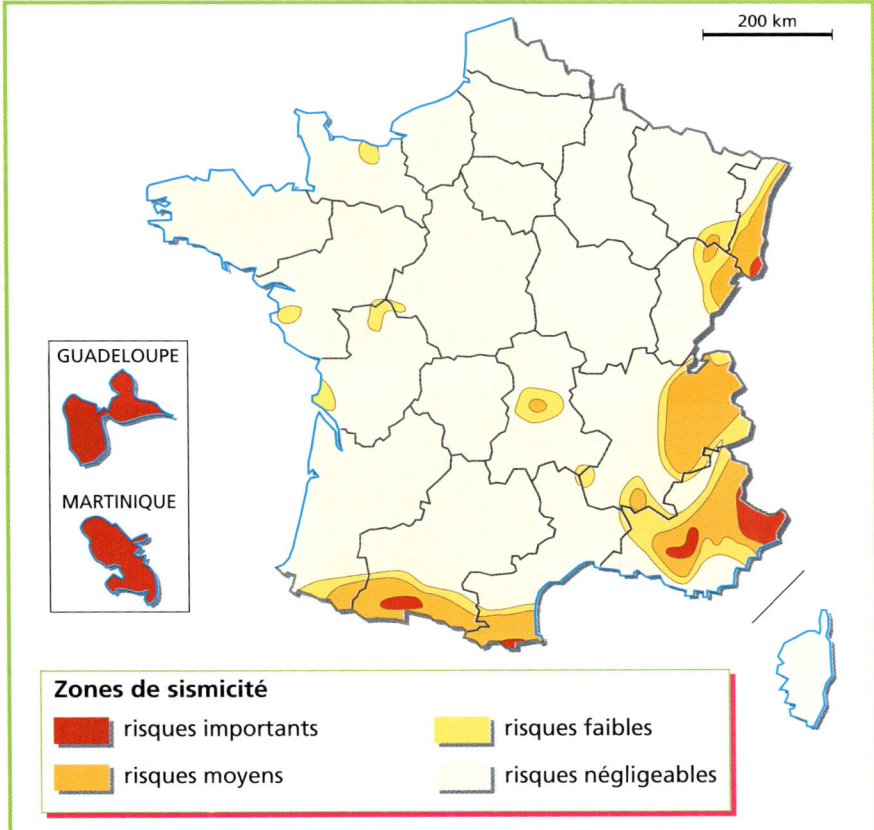

200 km

GUADELOUPE

MARTINIQUE

Zones de sismicité

■ risques importants		■ risques faibles
■ risques moyens		□ risques négligeables

◀ **Doc. 3 :** La carte du zonage sismique en France métropolitaine et en Outre-mer. À partir des témoignages écrits et, plus récemment, grâce aux enregistrements des sismographes*, on a dénombré 5 000 séismes en France depuis dix siècles.

? **Comment sait-on que des séismes se sont produits il y a dix siècles ?**

? **Quelles sont les zones où le risque sismique est le plus important ?**

? **Recherche ta région sur la carte : es-tu dans une zone à risques ?**

▶ **Étonnant !**

Malgré le danger d'une éruption volcanique, les hommes continuent à vivre sur les pentes des volcans. La terre volcanique est très fertile pour les cultures.

Le volcanisme est présent partout en France métropolitaine et en Outre-mer : la montagne Pelée en **Martinique**, la Soufrière en **Guadeloupe**, le Piton de la Fournaise à **La Réunion**… Même les Puys d'**Auvergne**, dont les dernières éruptions remonteraient à plus de 6 000 ans, sont toujours actifs. Toutes les régions de France peuvent aussi être touchées par des séismes. En cas de séisme, on peut **diminuer les risques de blessure en se plaçant sous une table solide, éloignée des fenêtres, et en protégeant sa tête de ses bras.**

Sur ton carnet de chercheur

• Suis les instructions pour réaliser une expérience avec un plateau et des morceaux de sucre. Tu vas découvrir le principe des constructions parasismiques.

* Vocabulaire

Construction parasismique : bâtiment qui répond aux règles de sécurité en cas de séisme. Les murs et les fondations sont étudiés pour résister à des secousses violentes et pour ne pas s'écrouler.

Sismographe : appareil de mesure de l'intensité des séismes.

 ## J'observe

◀ **Doc. 1** : L'accouplement de deux coccinelles : un mâle et une femelle.

▶ **Doc. 2** : Les jours suivants, la femelle coccinelle pond des œufs.

▶ **Doc. 3** : Le saumon mâle répand son sperme* sur les ovules* que la femelle vient de pondre.

[?] **À quelle condition la femelle coccinelle pond-elle des œufs (Doc. 1 et 2) ?**

[?] **Quelle est la différence entre la reproduction de la coccinelle et celle du saumon (Doc. 1 et 3) ?**

 ## Je lis

En 1736, Réaumur (un naturaliste) se demande quel est le rôle du mâle dans la reproduction des grenouilles. Le 21 mars, on a donné une culotte à une Grenouille mâle. Son accouplement n'en a pas été dérangé. [La grenouille mâle] continue d'être posée sur la femelle [...]. Les œufs pondus par la femelle ne se développent pas.

Réaumur demande à son assistante d'observer d'autres grenouilles accouplées et sans culotte. L'assistante aperçut les œufs qui commencèrent à sortir de la femelle. Dans l'instant, [...] elle tourna les yeux vers le derrière du mâle et les fixa dessus. À peine les y eut-elle fixés, qu'elle en vit sortir un jet, qu'elle n'a su comparer à rien d'autre qu'un jet de fumée.

Réaumur constate que ces œufs donnent naissance à des têtards.

René Antoine Réaumur, *Mémoire sur les Grenouilles* (1736), © éditions Gallimard.

[?] **Quelle est la différence entre l'expérience du 21 mars et celle observée par l'assistante de Réaumur ?**

[?] **Qu'est-ce qui est indispensable pour obtenir des têtards ?**

Je comprends

▲ **Doc. 4 :** Le coq a une crête rouge sur la tête, ce qui le différencie de la femelle, la poule. Avant l'accouplement, le coq parade autour de la poule pour la séduire.

▲ **Doc. 5 :** Le coq s'accouple avec la poule.

▲ **Doc. 6 :** La poule couve les œufs. Elle fournit ainsi la chaleur nécessaire au développement des embryons*.

▲ **Doc. 7 :** Après 21 jours, le poussin sort de l'œuf.

**Pour qu'il y ait procréation* et naissance d'un poussin, il faut qu'un mâle et une femelle s'accouplent. Un spermatozoïde* du mâle féconde un ovule de la femelle.
Chez les oiseaux, comme chez tous les ovipares, le petit sort directement de l'œuf.**

▶ Étonnant !

Les œufs de poule achetés au supermarché ne peuvent pas donner naissance à un poussin car ils n'ont pas été fécondés par un coq.

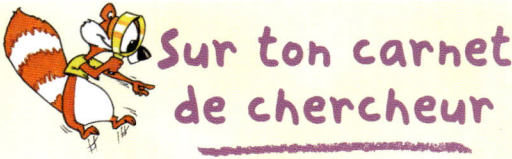

Sur ton carnet de chercheur

• Décris les étapes nécessaires pour donner naissance à un poussin.

* Vocabulaire

Embryon : organisme aux premiers stades de son développement.

Ovule : cellule reproductrice femelle.

Procréation : fait de donner naissance à des petits.

Spermatozoïde : cellule reproductrice mâle.

Sperme : semence du mâle qui contient les spermatozoïdes.

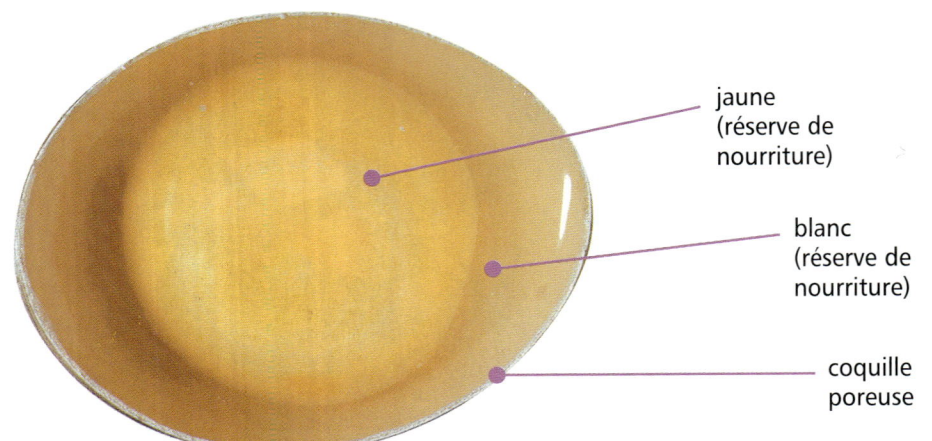

jaune
(réserve de
nourriture)

blanc
(réserve de
nourriture)

coquille
poreuse

▲ **Doc. 1 :** L'intérieur de l'œuf juste après la fécondation.

Chez beaucoup d'animaux, comme chez les oiseaux, l'embryon trouve dans l'œuf la nourriture nécessaire à son développement, jusqu'à l'éclosion et à la naissance du poussin. On parle de développement ovipare.

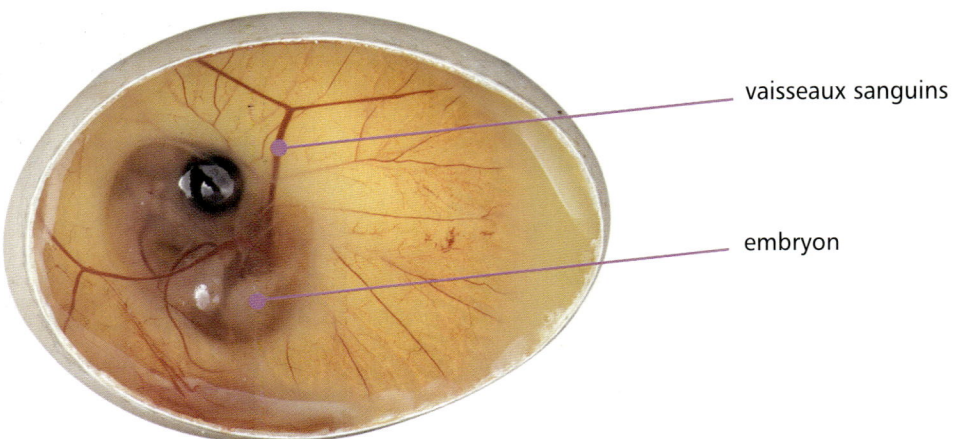

vaisseaux sanguins

embryon

▲ **Doc. 2 :** L'intérieur de l'œuf après 5 jours de développement.

? D'où viennent la nourriture et l'oxygène nécessaires au développement de l'embryon du poussin ?

? Comment la nourriture et l'oxygène peuvent-ils être transportés jusqu'à l'embryon ?

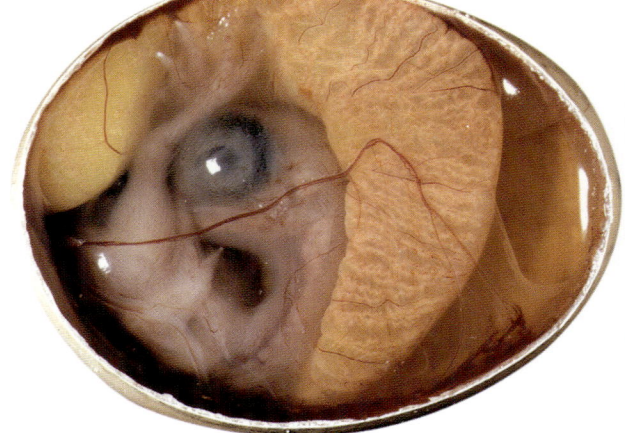

▲ **Doc. 3 :** L'intérieur de l'œuf après 10 jours de développement.

Sur ton carnet de chercheur

• Fais la liste des transformations du poussin dans l'œuf, depuis la fécondation jusqu'à la naissance. Replace les étapes dans l'ordre chronologique.

▲ Doc. 5 : 21 jours après la fécondation, le poussin sort de l'œuf. C'est l'éclosion.

▲ Doc. 4 : 20 jours après la fécondation, l'œuf est prêt à éclore.

? Décris ce que tu vois dans l'œuf (Doc. 4).

? Le poussin te semble-t-il prêt à éclore (Doc. 4) ? Pourquoi ?

? Reste-t-il du blanc et du jaune dans l'œuf au moment de la naissance du poussin (Doc. 5) ?

Comment les mammifères font-ils des petits ?

 ## J'observe

▶ **Le cheval, le chat et la vache sont des mammifères.**

◀ **Doc. 1 :** L'accouplement d'un étalon et d'une jument.

[?] **Quel est le rôle du mâle dans la procréation ?**

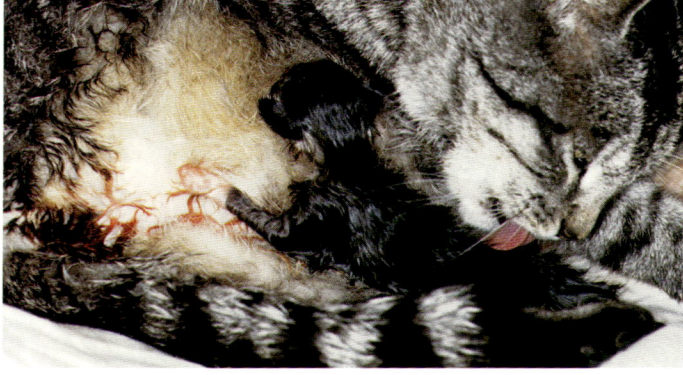

▲ **Doc. 2 :** La mise bas* d'une chatte.

 ## Je lis

La pluie avait redoublé. Ils se sont tus. Et puis, au bout d'un long silence, elle a demandé :
– Et les chats ?
J'ai tressailli. Je pensais qu'ils ne savaient pas. Ces sept petits chats de la minette étaient nés la veille. Et j'étais là, moi, quand ils étaient sortis du ventre de leur mère. Je l'avais vue, la minette, se coucher au fond du placard, miauler trois fois de douleur et pousser. Et griffer la paille. Ils étaient nés sous mes yeux, les sept. Elle les avait léchés longuement, elle les avait séchés. Elle avait travaillé jusqu'à ce que tout soit propre, sec et chaud, et puis elle s'était couché sur eux en miaulant une dernière fois.

Jean-Claude Mourlevat, *L'Enfant Océan*, © 1999, éditions Pocket Jeunesse, département de Univers Poche.

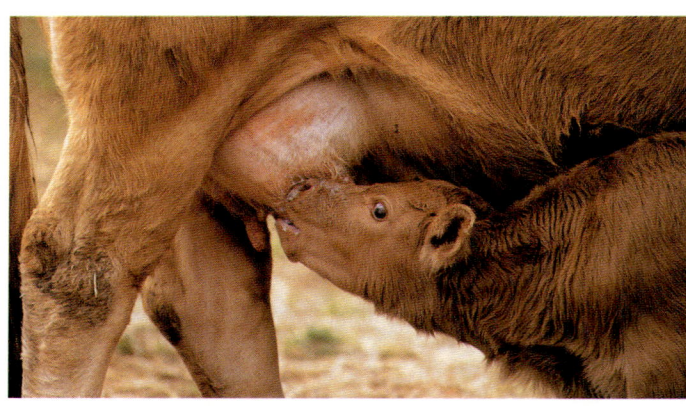

▲ **Doc. 3 :** Une vache allaite son veau.

[?] **Chez ces mammifères (Doc. 1, 2 et 3), quel est le rôle de la femelle dans la procréation ?**

[?] **Comment les petits mammifères peuvent-ils survivre dans les semaines qui suivent leur naissance (Doc. 2 et 3) ?**

[?] **D'où sortent les chatons ?**

[?] **Comment se passe la mise bas ?**

[?] **Que fait la chatte après la mise bas ?**

Je comprends

▶ **Pour qu'il y ait procréation, il faut qu'un mâle et une femelle s'accouplent. Un ovule de la femelle doit être fécondé par un spermatozoïde du mâle.**

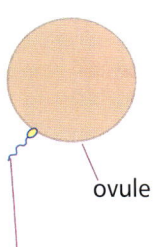

ovule

spermatozoïde

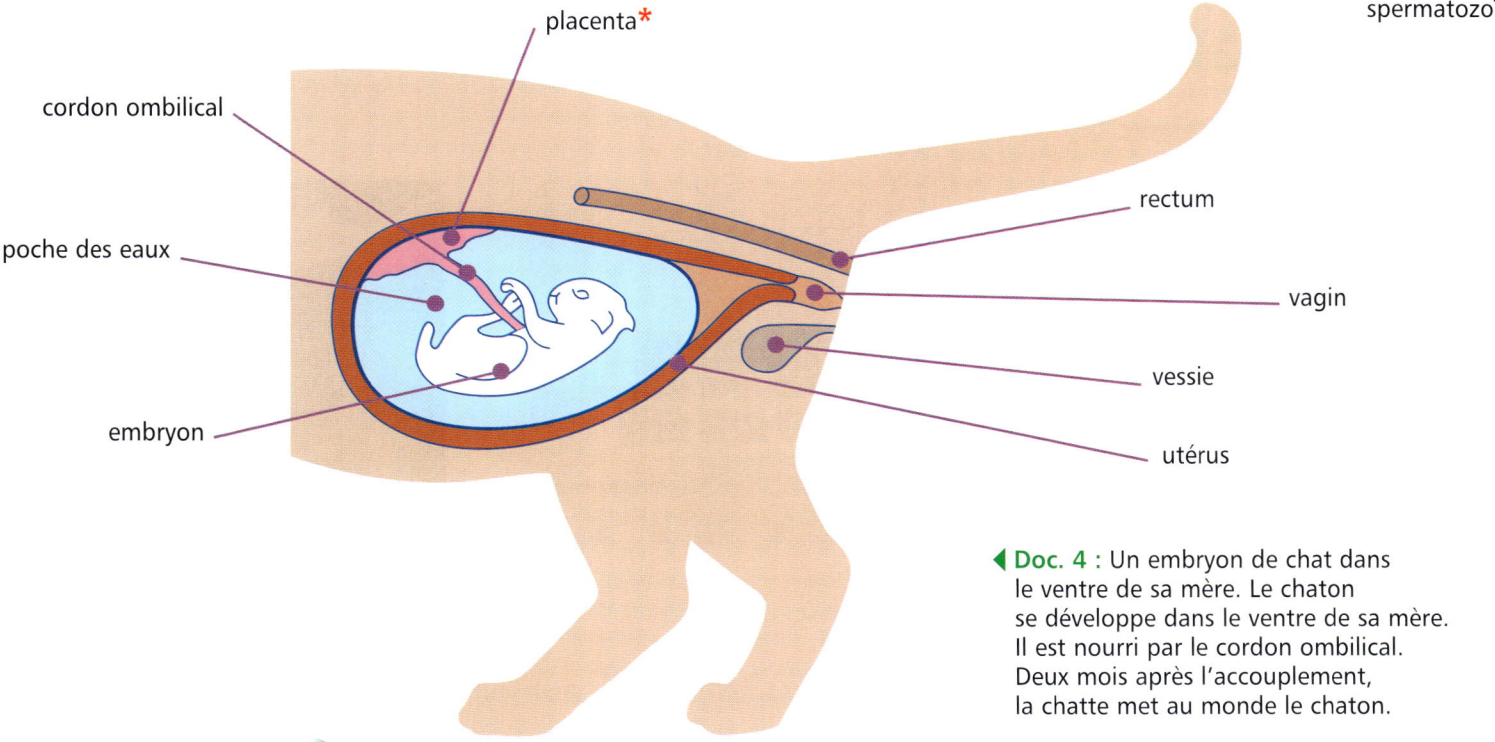

placenta*

cordon ombilical

poche des eaux

embryon

rectum

vagin

vessie

utérus

◀ **Doc. 4 :** Un embryon de chat dans le ventre de sa mère. Le chaton se développe dans le ventre de sa mère. Il est nourri par le cordon ombilical. Deux mois après l'accouplement, la chatte met au monde le chaton.

Chez les mammifères, le développement de l'embryon se fait à l'intérieur du ventre de la femelle.
L'embryon se nourrit par le cordon ombilical tout au long de la gestation* : on parle de **développement vivipare.**

Sur ton carnet de chercheur

• Fais une recherche documentaire sur les mammifères. Écris la carte d'identité de trois d'entre eux : noms du mâle, de la femelle et des petits, durée de la gestation, taille à la naissance, taille à la fin de la croissance…

▶ Étonnant !

Certaines femelles ont donné naissance à un nombre incroyable de petits ! Une chatte a donné naissance à 19 chatons, dont 15 ont survécu. Une chienne saint-bernard a eu 23 chiots, une souris a eu 34 souriceaux, et une lapine a eu 12 lapereaux.

* Vocabulaire

Gestation : temps pendant lequel un embryon se développe dans le ventre de sa mère.

Mise bas : sortie du bébé du ventre de la mère.

Placenta : organe où se font les échanges respiratoires et nutritifs entre la mère et l'embryon.

11 Que faut-il pour que les graines germent ?

J'observe

▶ **Un semis de graines au printemps.**

▲ **Doc. 1 :** Des graines de haricot sont semées.

▲ **Doc. 2 :** Les graines sont placées dans un bac sur le radiateur.

▲ **Doc. 3 :** Les graines enfouies dans la terre sont arrosées.

? **Observe les photos** (Doc. 1, 2 et 3). **Quelles conditions faut-il réunir pour que les graines germent ?**

Je lis

▶ **Voici le compte rendu de l'expérience réalisée par Jérémie, en classe de CM1.**

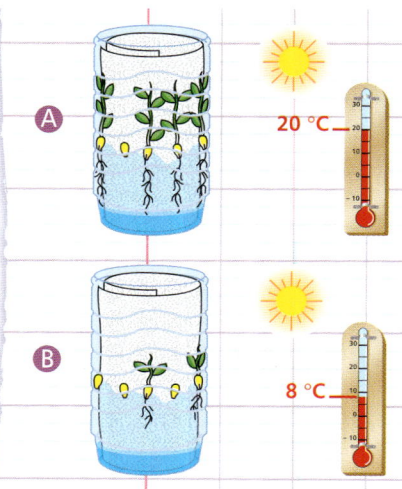

A — 20 °C

B — 8 °C

Mon hypothèse :
Les graines ont besoin de chaleur pour germer.

Mon expérience :
Je mets 10 graines à germer dans deux bouteilles, avec du papier filtre humide. Je place une bouteille près de la fenêtre sur le radiateur et une autre bouteille à l'extérieur sur le rebord de la fenêtre. J'arrose chaque matin avec un peu d'eau.

Mes résultats, 8 jours plus tard :
- À l'intérieur **A**, 9 graines ont germé et la plante mesure 4 centimètres.
- À l'extérieur **B**, 3 graines ont germé et la plante mesure 1 centimètre.

? **L'hypothèse de Jérémie est-elle vérifiée ? Pourquoi ?**

Je comprends

▶ **Reproduis ces expériences et compare tes observations avec celles de ces schémas.**

▲ **Doc. 4 :** Les graines sont placées sur du terreau humide. 8 jours plus tard, la plante mesure 4 cm.

▲ **Doc. 5 :** Les graines sont placées sur du papier-filtre maintenu humide. 8 jours plus tard, la plante mesure 4 cm.

▲ **Doc. 6 :** Les graines sont placées au fond d'un verre sans eau. 8 jours plus tard, les graines n'ont toujours pas germé.

▲ **Doc. 7 :** Les graines sont placées dans un verre rempli d'eau. 8 jours plus tard, les graines n'ont toujours pas germé.

Pour germer, les graines ont besoin d'eau et de chaleur.
Il faut maintenir une humidité optimale : ni trop faible (les graines ont besoin d'eau pour germer), ni trop forte (un excès d'eau asphyxie* les graines). L'eau est indispensable à la vie.
Il faut une température suffisante car le froid ralentit ou stoppe l'activité de la graine.

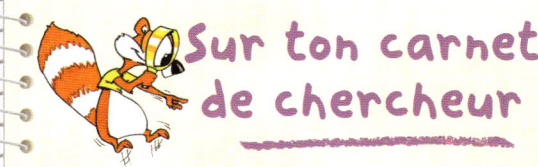

Sur ton carnet de chercheur

• Prends 20 graines de lentille, des pots de yaourt et de la terre. Choisis une hypothèse sur les conditions de germination* des graines et mets en place l'expérience pour la tester.

▶ Étonnant !

Après une tempête, un grand chêne est tombé au milieu de la forêt. Dans la clairière ainsi créée, la lumière et la pluie atteignent maintenant le sol. Des milliers de graines qui y étaient enfouies parfois depuis une centaine d'années germent alors et donnent des plantes très diverses.

* Vocabulaire

Asphyxier : mourir par manque d'air.
Germination : développement de la jeune plante contenue dans la graine.

La fécondation des ovules par le pollen* d'une fleur donne des graines. L'ovaire* de la fleur se transforme en fruit.

pétale

sépale

pédoncule

▲ **Doc. 1 :** La fleur de petit pois est ouverte.

étamines

pistil contenant l'ovaire

▲ **Doc. 2 :** La fleur est coupée en deux. On observe les étamines* et l'ovaire*.

ovaire

? Décris les étapes du développement de la fleur à la graine (Doc. 1 à 6).

▲ **Doc. 3 :** L'ovaire de la fleur est gonflé comme une petite gousse. Les pétales restent visibles.

LA GRAINE DE PETIT POIS ?

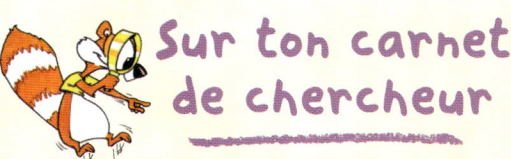

Sur ton carnet de chercheur

• Sème dans de la terre un noyau de cerise ou les pépins d'autres fruits (orange, tomate, courgette). Arrose régulièrement et attends la germination. Décris et dessine les étapes de la germination.

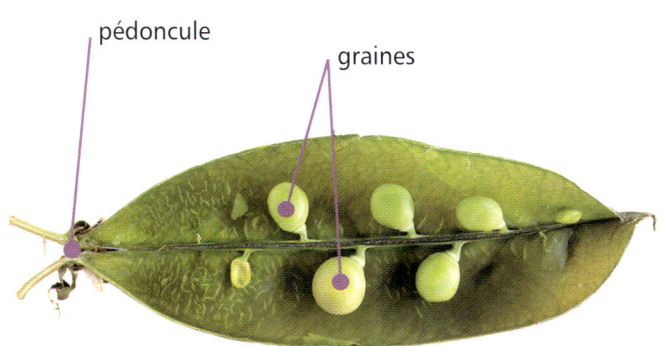

pédoncule

graines

▲ **Doc. 6 :** La gousse est ouverte. Les graines de petit pois sont visibles.

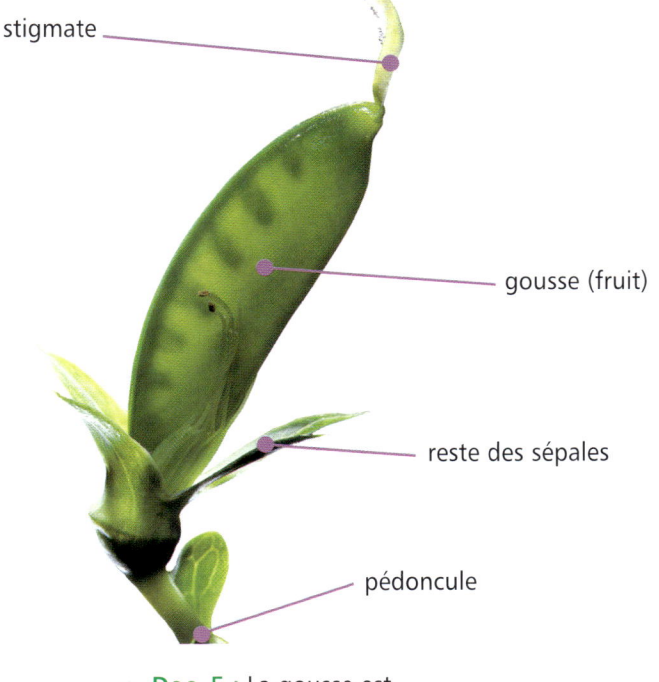

stigmate

gousse (fruit)

reste des sépales

pédoncule

▲ **Doc. 5 :** La gousse est de plus en plus grosse.

reste des étamines

▲ **Doc. 4 :** La gousse se développe. Il reste des étamines. Les pétales fanent et se détachent.

✱ Vocabulaire

Étamine : organe mâle de la fleur.

Ovaire : organe femelle de la fleur.

Pollen : minuscule grain produit par les étamines, il contient les cellules mâles.

J'observe

▲ **Doc. 1 :** L'arrosage d'un champ cultivé.

▲ **Doc. 2 :** Des cultures sous serre.

▲ **Doc. 3 :** L'épandage* de fumier sur un champ.

[?] **Observe ces photos. Fais la liste des conditions qui, d'après toi, sont nécessaires à la croissance des plantes.**

 Je lis

L'entretien du jardin

L'arrosage. Les meilleures heures d'arrosage se situent entre 17 et 22 heures. Les légumes ont ainsi toute la nuit pour profiter de l'humidité. Mieux vaut un gros arrosage qu'un petit : un ou deux gros arrosages par semaine suffisent. Arroser au pied afin d'éviter la prolifération de maladies sur le feuillage des plantes.

Le binage. Très utile, il permet de briser la couche sèche qui se forme à la surface du sol (l'eau peut ainsi s'infiltrer aisément jusqu'aux racines des plantes) et, bien sûr, d'éliminer les mauvaises herbes.

Le paillage. Il permet de réduire les arrosages et les binages. Il consiste à déposer au pied des plantes de la tourbe, de la paille brisée, des débris d'écorce, etc. L'évaporation est réduite, les mauvaises herbes poussent moins.

Linda Carboni et Laurence Deguilloux, *Jardinons à l'école*, « Fiche de culture n° 18 », éditions Ebla, 2001.

[?] **Quels sont les gestes du jardinier qui favorisent la croissance des plantes ?**

▶ Étonnant !

Le bonzaï est un arbre dont la croissance a été ralentie. Si tu l'arroses peu, que tu ne mets pas d'engrais*, et que tu tailles régulièrement les tiges et les racines, il ne pourra pas grandir !

Je comprends

▶ **Voici deux expériences réalisées en classe.**

Expérience n° 1

 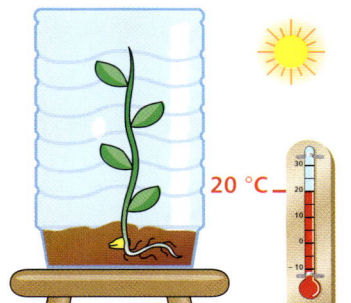

20 °C

20 °C

▲ **Doc. 4 :** Une semaine après la germination. À la lumière, la plante mesure 2 cm, les feuilles sont vert pâle.

▲ **Doc. 5 :** Trois semaines après la germination. À la lumière, la plante mesure 15 cm, les feuilles sont vertes.

Expérience n° 2

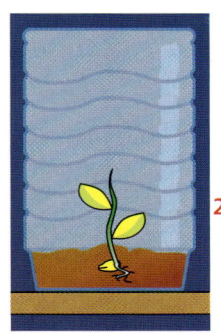 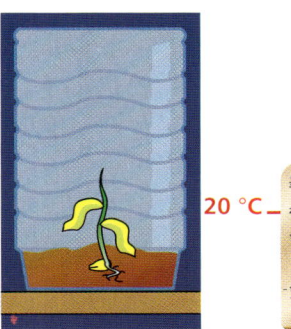

20 °C

20 °C

▲ **Doc. 6 :** Une semaine après la germination. À l'obscurité, la plante mesure 5 cm, les feuilles sont jaunes.

▲ **Doc. 7 :** Trois semaines après la germination. À l'obscurité, la plante mesure toujours 5 cm. Les feuilles sont jaunes et flétries.

[?] **Quelle hypothèse a-t-on voulu tester** (Doc. 4 à 7) **?**

[?] **Quels sont les résultats ?**

Pour grandir, une plante a besoin d'eau, de lumière et de chaleur.

 Il faut une **humidité optimale**. Sans eau, il n'y a pas de vie possible et la plante fane. Mais un excès d'eau peut asphyxier les racines.

 **La lumière est un facteur indispensable à la croissance et à la vie des plantes**. Certaines plantes ont besoin de beaucoup de lumière (les géraniums), alors que d'autres préfèrent l'ombre (les impatiens).

 **La température doit être suffisante**. La croissance est d'autant plus rapide que la température est élevée (mais inférieure à 40 °C).

Le sol doit bien retenir l'eau et permettre une bonne oxygénation. Il faut fournir à la plante des **éléments nutritifs**, soit en introduisant du fumier dans le sol avant les plantations, soit en ajoutant régulièrement de petites quantités d'engrais.

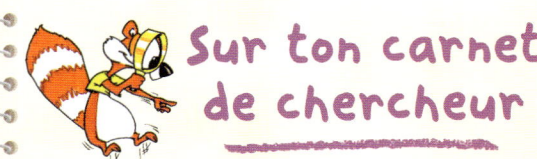 **Sur ton carnet de chercheur**

• Prends les pots avec les jeunes pousses germées de la leçon précédente. Choisis une condition nécessaire à la croissance d'une plante, puis mets en place une expérience pour la tester.

✱ Vocabulaire

Engrais : produit qui rend la terre plus fertile et facilite la croissance des plantes en les nourrissant (le fumier est utilisé comme engrais naturel).

Épandage : action de répandre du fumier ou un engrais sur un champ.

Plus de 500 000 espèces de plantes sur la planète ! Il a fallu classer ces espèces à partir de leurs différences et de leurs points communs. Ce classement fait apparaître des grands groupes : les Champignons, les Plantes à fleurs, les Algues... Dans un même groupe, les espèces partagent des points communs. Chaque espèce végétale est différente, mais différentes espèces peuvent appartenir à un même groupe.

PLANTE

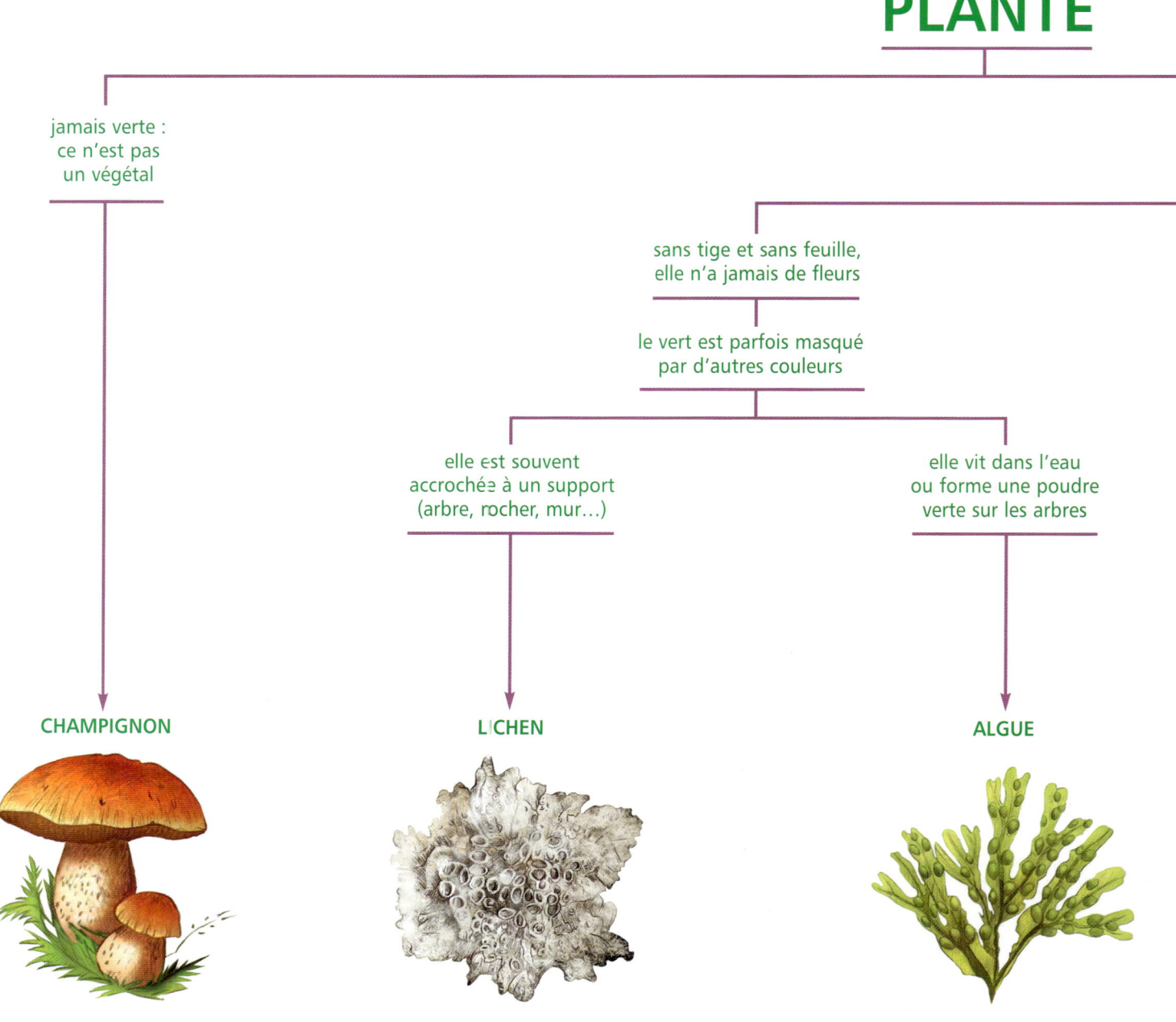

jamais verte :
ce n'est pas
un végétal

sans tige et sans feuille,
elle n'a jamais de fleurs

le vert est parfois masqué
par d'autres couleurs

elle est souvent
accrochée à un support
(arbre, rocher, mur...)

elle vit dans l'eau
ou forme une poudre
verte sur les arbres

CHAMPIGNON

LICHEN

ALGUE

? Choisis une plante qui n'est pas représentée dans ce classement. Pour savoir à quel groupe elle appartient, suis les flèches qui correspondent aux critères que tu observes sur cette plante.

LES PLANTES

Sur ton carnet de chercheur

• Aide-toi du tableau du classement des plantes et détermine à quel groupe appartiennent les plantes dessinées sur ton carnet.

de couleur verte : c'est un végétal

elle a des tiges et des feuilles vertes

elle n'a jamais de fleurs

elle peut avoir des fleurs
PLANTE À FLEURS

elle n'a ni racine, ni tige souterraine

elle a des racines et des tiges souterraines

ses tiges sont souples

ses branches sont rigides (avec du bois)

MOUSSE

FOUGÈRE

PLANTE HERBACÉE

ARBRE

Les scientifiques ont classé les animaux en fonction des points communs qui existent entre les espèces. Ils ont créé des grandes familles comme les Vertébrés. Chaque famille comporte des groupes, à l'intérieur desquels les espèces ont de plus en plus de points communs.

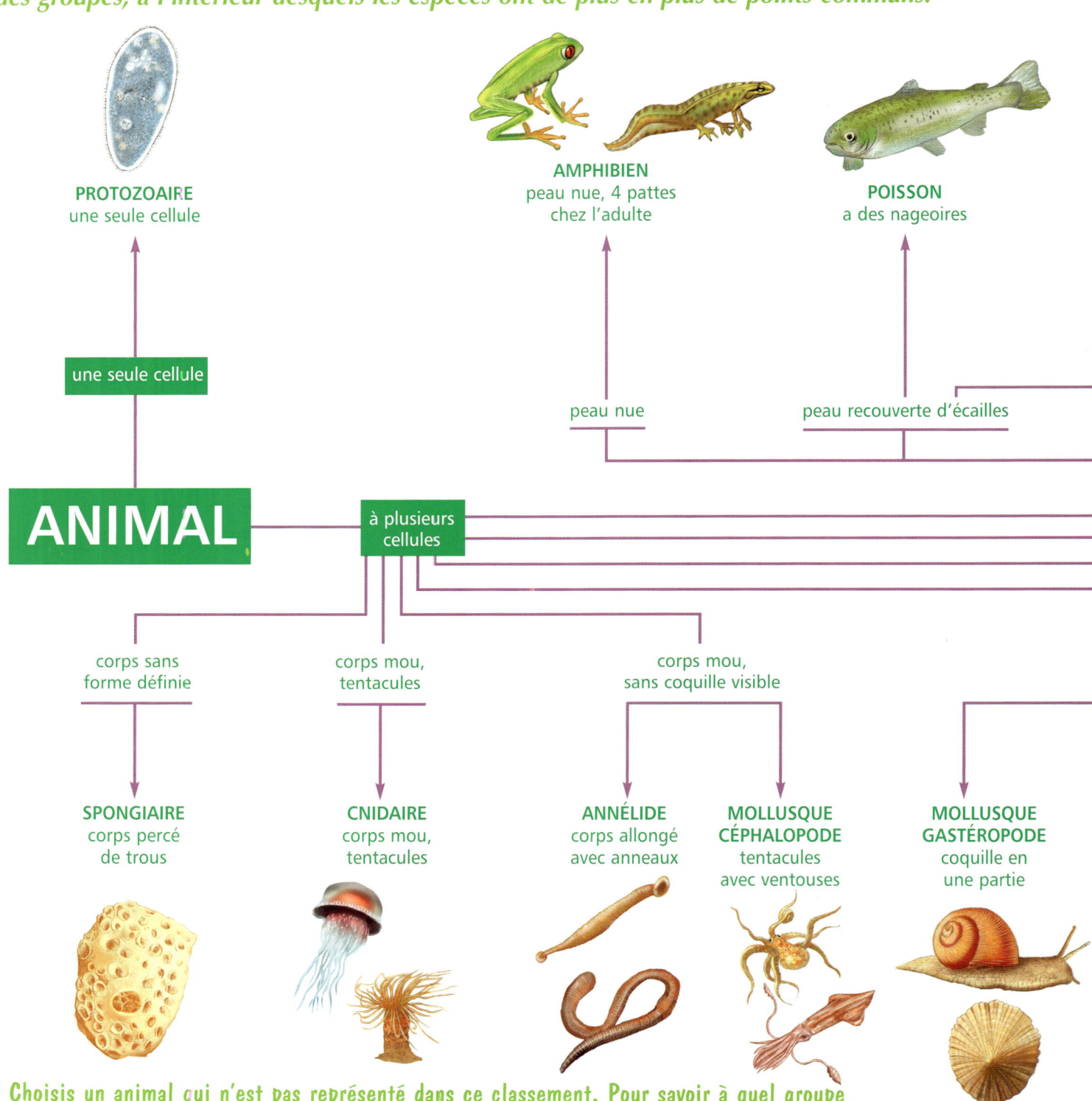

PROTOZOAIRE
une seule cellule

AMPHIBIEN
peau nue, 4 pattes
chez l'adulte

POISSON
a des nageoires

une seule cellule

ANIMAL

à plusieurs
cellules

peau nue

peau recouverte d'écailles

corps sans
forme définie

corps mou,
tentacules

corps mou,
sans coquille visible

SPONGIAIRE
corps percé
de trous

CNIDAIRE
corps mou,
tentacules

ANNÉLIDE
corps allongé
avec anneaux

**MOLLUSQUE
CÉPHALOPODE**
tentacules
avec ventouses

**MOLLUSQUE
GASTÉROPODE**
coquille en
une partie

[?] Choisis un animal qui n'est pas représenté dans ce classement. Pour savoir à quel groupe il appartient, suis les flèches qui correspondent aux critères et aux caractères que tu observes sur cet animal.

LES ANIMAUX

Les espèces regroupent les animaux qui peuvent avoir des petits ensemble.

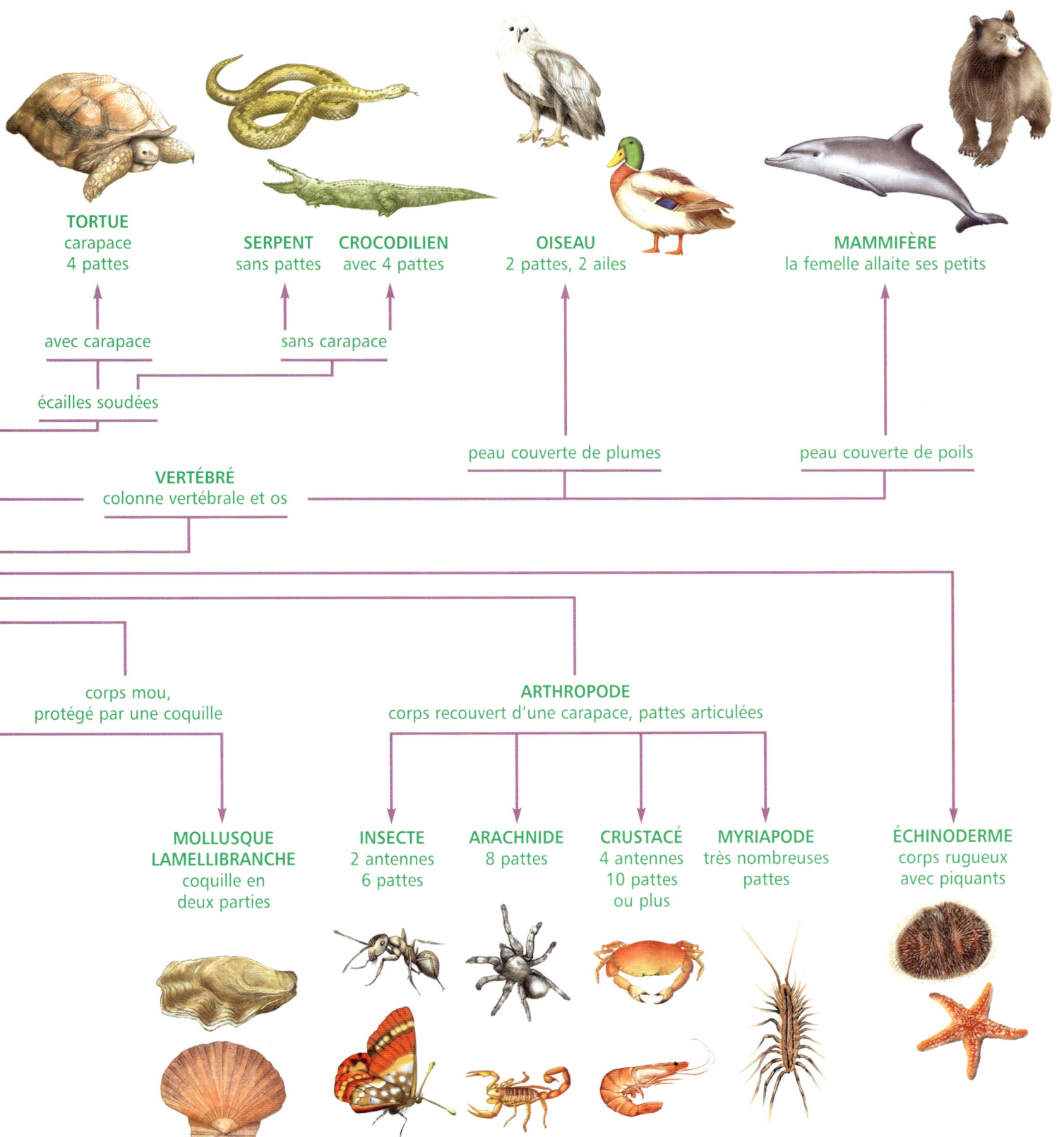

TORTUE
carapace
4 pattes

SERPENT
sans pattes

CROCODILIEN
avec 4 pattes

OISEAU
2 pattes, 2 ailes

MAMMIFÈRE
la femelle allaite ses petits

avec carapace

sans carapace

écailles soudées

peau couverte de plumes

peau couverte de poils

VERTÉBRÉ
colonne vertébrale et os

corps mou,
protégé par une coquille

ARTHROPODE
corps recouvert d'une carapace, pattes articulées

**MOLLUSQUE
LAMELLIBRANCHE**
coquille en
deux parties

INSECTE
2 antennes
6 pattes

ARACHNIDE
8 pattes

CRUSTACÉ
4 antennes
10 pattes
ou plus

MYRIAPODE
très nombreuses
pattes

ÉCHINODERME
corps rugueux
avec piquants

J'observe

▶ **Tous ces chiens, et même le loup, sont de la même espèce*.**

▲ Doc. 1 : Un berger allemand.

▲ Doc. 2 : Un basset.

▲ Doc. 3 : Un caniche.

▲ Doc. 4 : Un dalmatien.

▲ Doc. 5 : Un saint-bernard.

▲ Doc. 6 : Un loup.

? Quelles différences observes-tu entre ces animaux (Doc. 1 à 6) ?　　**?** Ont-ils des points communs ? Lesquels ?

Je lis

Les hommes ont commencé par donner différents noms aux choses qui leur ont paru distinctement différentes, et, en même temps, ils ont fait des dénominations générales pour tout ce qui leur paraissait à peu près semblable. [...] Un chêne, un hêtre, un tilleul, un sapin, un if, un pin [n'ont] d'abord eu d'autre nom que celui d'« arbre » ; ensuite le chêne, le hêtre, le tilleul se [sont] tous trois appelés « chêne », lorsqu'on les [a] distingués du sapin, du pin, de l'if qui tous trois se [sont] appelés « sapin ». Les noms particuliers ne sont venus qu'à la suite de la comparaison et de l'examen détaillé qu'on a faits de chaque espèce de choses : on a augmenté le nombre de ces noms à mesure qu'on a plus étudié et mieux connu la Nature.

Georges Louis Buffon, *Histoire naturelle* (1758), © éditions Gallimard.

? Quels arbres mettait-on dans le groupe « chêne » ? dans le groupe « sapin » ?

? Quelle est la différence entre ces deux groupes ?

? Quelles différences vois-tu entre les espèces d'arbres citées dans chaque groupe ?

? Cherche dans une encyclopédie le nom des différentes espèces de chênes, de pins et de sapins.

Je comprends

▶ **Le coq et la poule sont de la même espèce. Ils peuvent avoir des petits ensemble.**

▶ Doc. 7 : Le coq est le mâle de la poule.

▶ **La grenouille et le crapaud sont des animaux d'espèces différentes. Malgré leurs ressemblances, ils ne peuvent pas avoir de petits ensemble.**

◀ Doc. 8 : Une grenouille.

▶ Doc. 9 : Un crapaud.

 ## Sur ton carnet de chercheur

• Recherche des animaux de la même espèce où le mâle et la femelle ne se ressemblent pas. Classe tes résultats dans un tableau.

Deux individus d'une même espèce ne sont jamais exactement semblables : il y a **une variation à l'intérieur de l'espèce**. Il y a souvent des différences entre le mâle et la femelle. Mais, à l'intérieur d'une même espèce, les points communs sont toujours plus importants que les différences.
On dit que des animaux sont de la même espèce s'ils peuvent procréer ensemble.

▶ **Étonnant !**

Le tigre et le lion sont deux animaux d'espèces différentes, mais voisines. En captivité, on a parfois réussi à les faire se reproduire. Un tigre et une lionne peuvent donner naissance à un tigron. Le tigron est stérile (il ne pourra jamais avoir de petits).

* Vocabulaire

Espèce : groupe d'êtres vivants qui ont des points communs. Deux animaux d'une même espèce peuvent avoir des petits ensemble.

J'observe

◀ **Doc. 1 :** Ce trilobite vivait dans les mers il y a 400 millions d'années.

▶ **Doc. 2 :** Cette plante géante vivait il y a 300 millions d'années.

◀ **Doc. 3 :** Le dinosaure qui a laissé cette empreinte vivait il y a 120 millions d'années.

▶ **Doc. 4 :** Les ammonites ont disparu en même temps que les dinosaures, il y a 65 millions d'années.

◀ **Doc. 5 :** Ce dinosaure vivait il y a 65 millions d'années.

▶ **Doc. 6 :** Des gouttes d'ambre datées de 50 millions d'années.

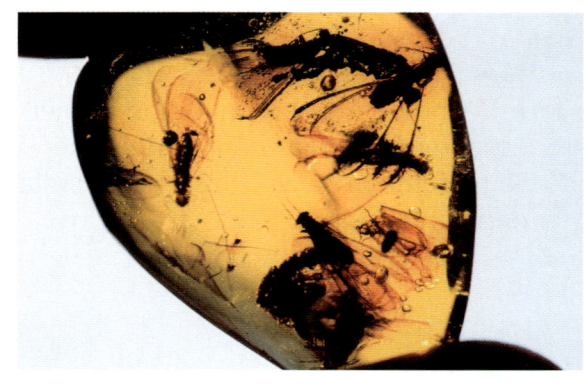

[?] À quels animaux ou végétaux actuels peux-tu comparer certains de ces fossiles ?

[?] Quelles parties des animaux ou des végétaux se sont conservées dans ces fossiles ?

▶ **Étonnant !**

On a retrouvé ce bébé dinosaure mort dans son œuf.

Objectif : Découvrir des traces de l'évolution des êtres vivants (quelques fossiles typiques).

Unité et diversité du monde vivant

Je lis

▶ Lis attentivement le compte rendu d'expérience de Noémie.

Dans de la pâte à modeler ramollie, Théo et moi avons enfoncé un coquillage pour y faire son empreinte. Nous avons essayé de faire deux empreintes différentes du même coquillage : une de l'intérieur et l'autre de l'extérieur !
Par-dessus, j'ai coulé du plâtre pour réaliser un moulage, comme si une nouvelle couche de terrain se déposait.

? Qu'obtiennent les enfants ?   **?** Quels fossiles de la page précédente se sont formés de cette manière ?

Je comprends

▶ Les chercheurs peuvent repérer l'âge des fossiles s'ils connaissent l'âge des couches de terrain dans lesquelles on les trouve.

▲ **Doc. 7 :** Le coquillage vit dans la mer.

▲ **Doc. 8 :** Le coquillage s'est déposé au fond de la mer.

▲ **Doc. 9 :** Le coquillage est pris dans une couche de roche.

▲ **Doc. 10 :** La mer s'est retirée ; le fossile est pris dans la roche.

Les animaux et les végétaux qui vivaient il y a plusieurs millions d'années ont laissé **des traces dans la roche** : ce sont **les fossiles**. Le **paléontologue** est un scientifique qui compare les fossiles aux êtres vivants actuels pour déterminer leur identité, leur espèce, leur taille… **L'étude des fossiles nous permet de connaître l'histoire des espèces qui ont aujourd'hui disparu.**

Sur ton carnet de chercheur

• Coule du plâtre dans une boîte en plastique. Pose à la surface une feuille d'arbre. Tu obtiens une belle empreinte, comme celle de la plante fossile (**Doc. 2**).

La Terre s'est formée il y a 4 600 millions d'années.
Les premiers êtres vivants se sont développés dans la mer.

Il y a 3 000 millions d'années

▲ Doc. 1 : L'apparition de la vie : des bactéries dans l'eau.

La Terre est bombardée de météorites et couverte de volcans. La vie est impossible à l'extérieur de l'eau, car l'atmosphère n'a pas d'oxygène. Les premières formes de vie apparaissent : les bactéries. Les cyanobactéries (les premières bactéries qui produisent de l'oxygène) se développent.

[?] **Sous quelle forme est apparue la vie sur Terre ?**

Il y a 650 millions d'années

▲ Doc. 2 : Une mer sans poisson.

Les premiers animaux pluricellulaires apparaissent, puis se diversifient. Le nombre des animaux et des végétaux s'accroît fortement.

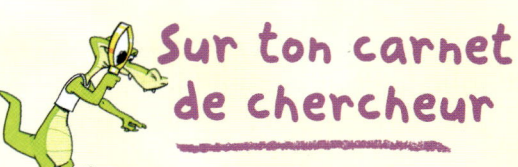
Sur ton carnet de chercheur

• Avec ta classe, reconstitue l'histoire de la vie sur une corde du temps de 46 mètres de long.

PREMIÈRES ÉTAPES DE LA VIE

D'abord des cellules, ils sont devenus des végétaux et des animaux. Ils ont évolué et se sont adaptés à d'autres milieux. Ils sont sortis progressivement du milieu marin.

Il y a 400 millions d'années

Il y a 300 millions d'années

▲ **Doc. 3 :** Des poissons à la conquête des océans.

Après les premiers poissons sans mâchoire, des poissons à mâchoire apparaissent : certains sont géants comme les poissons cuirassés.

▲ **Doc. 4 :** Après les plantes, les amphibiens sortent de l'eau.

Il y a désormais assez d'oxygène dans l'air pour permettre la vie. Les végétaux sont les pionniers sur la terre ferme, rapidement accompagnés par des vers et des insectes. Issus du groupe des poissons à poumons, les amphibiens sont les premiers vertébrés à sortir de l'eau en respirant dans l'air et en marchant sur quatre pattes.

?️ **Combien de temps s'est-il passé entre l'apparition des premières formes de vie et l'apparition des poissons (Doc. 1 à 3) ?**

La vie se développe sur terre. Après les amphibiens, ce sont les reptiles qui conquièrent la terre ferme, suivis des mammifères et, beaucoup plus tard, des premiers hommes.

Il y a 150 millions d'années

▲ Doc. 1 : Le règne des reptiles et des dinosaures.

Les reptiles dominent la terre, le ciel et les mers pendant près de 200 millions d'années.
De nombreuses espèces se succèdent. Certains dinosaures avaient un squelette de reptile comme le diplodocus, le plésiosaure et le ptérosaure, mais d'autres avaient un squelette proche de celui des oiseaux.

Il y a 65 millions d'années

▲ Doc. 2 : La disparition des dinosaures.

La disparition des dinosaures de la surface de la Terre reste une énigme. Plusieurs hypothèses sont avancées : la chute d'une météorite et des phénomènes volcaniques importants à la surface de la Terre. Certains scientifiques pensent que cette disparition n'a pas été brutale : elle s'est peut-être étalée sur un million d'années.

[?] **Combien de temps les dinosaures ont-il vécu sur la Terre ?**

DES EAUX AUX PREMIERS HOMMES

Il y a 30 millions d'années

Il y a 4 millions d'années

▲ **Doc. 3 :** Des mammifères dans tous les milieux.

Les mammifères sont apparus à l'époque des dinosaures. Ils étaient de la taille d'une petite souris ! À partir de l'extinction des dinosaures, les mammifères se sont diversifiés et ont conquis tous les milieux, y compris les mers. Les premiers singes sont apparus il y a seulement 30 millions d'années.

▲ **Doc. 4 :** L'apparition des premiers hommes.

L'homme est apparu il y a 4 millions d'années avec l'Australopithèque.
Par rapport aux autres êtres vivants, l'histoire de l'homme ne fait que commencer.

[?] **Les premiers hommes ont-ils connu les dinosaures ?**

Plusieurs espèces se sont succédé dans le temps. Elles ne descendent pas toutes les unes des autres et ont parfois vécu au même moment.

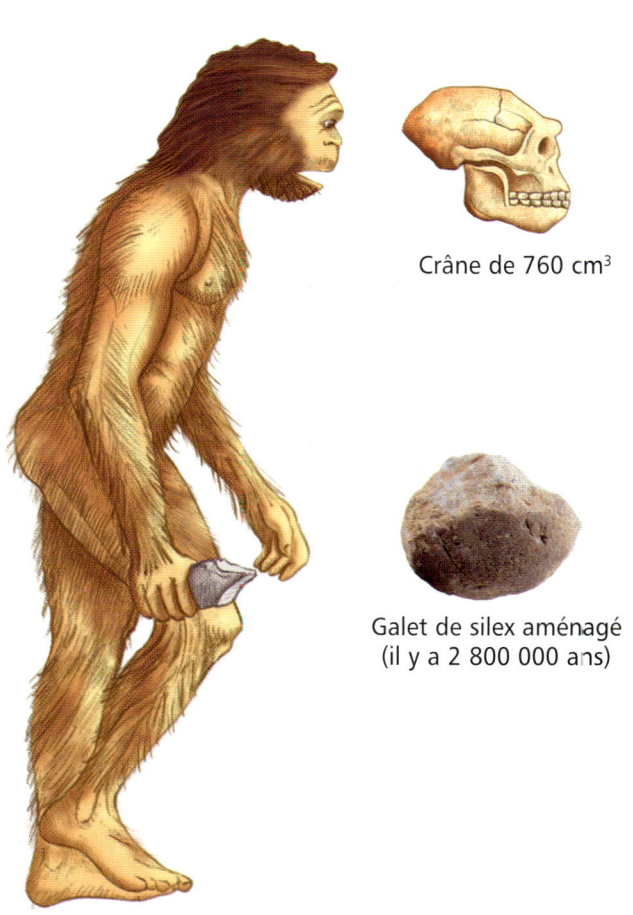

Crâne de 760 cm³

Galet de silex aménagé
(il y a 2 800 000 ans)

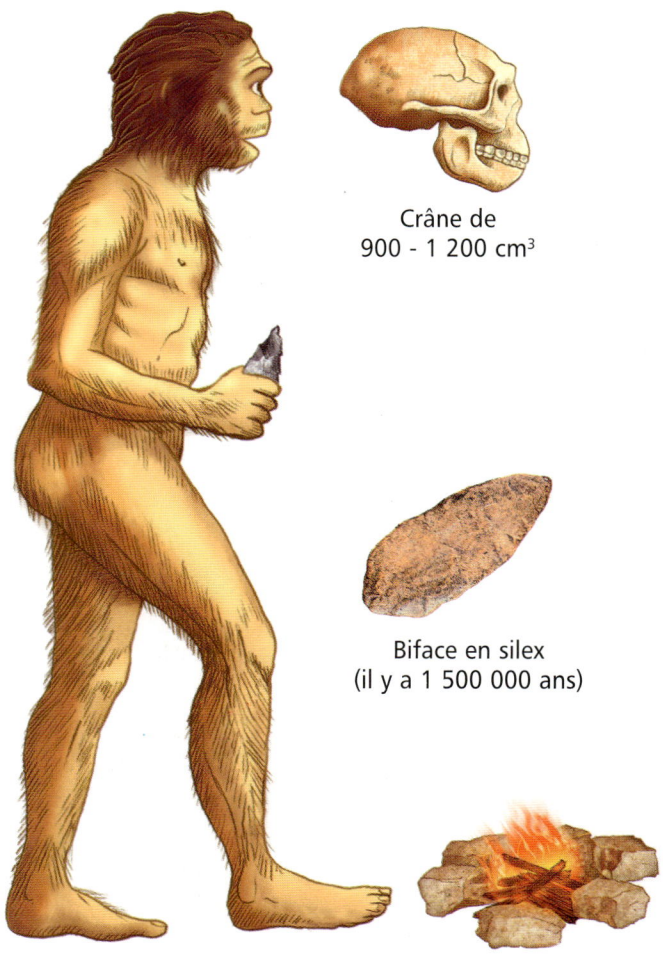

Crâne de
900 - 1 200 cm³

Biface en silex
(il y a 1 500 000 ans)

▲ Doc. 1 : L'*Homo habilis* (homme habile).

Taille : 1 mètre 30
L'*Homo habilis* apparaît il y a environ
3 000 000 d'années. Il transforme les galets
en outils.
Les paléontologues ont trouvé sa trace dans l'Est
et le Sud de l'Afrique.

▲ Doc. 2 : L'*Homo erectus* (homme debout).

Taille : 1 mètre 50
L'*Homo erectus* apparaît il y a environ
1 700 000 d'années. Il y a 600 000 ans,
il domestique le feu.
Les paléontologues ont trouvé sa trace en Afrique,
en Europe et en Asie.

[?] Décris l'évolution de l'homme (son corps, sa posture, etc.). Décris l'évolution de ses outils (Doc. 1 à 4).

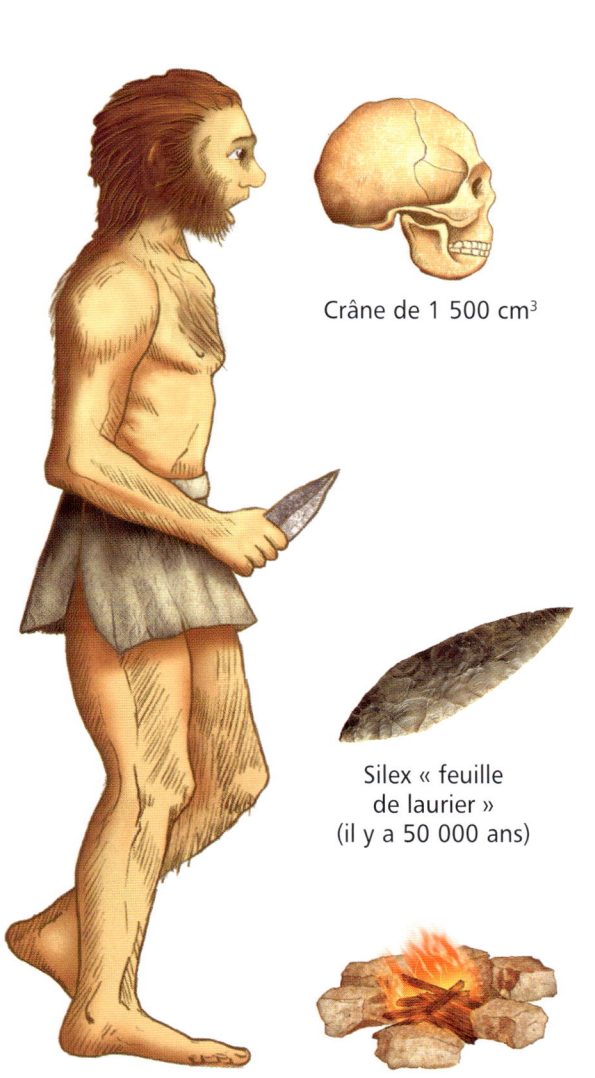

Crâne de 1 500 cm^3

Silex « feuille
de laurier »
(il y a 50 000 ans)

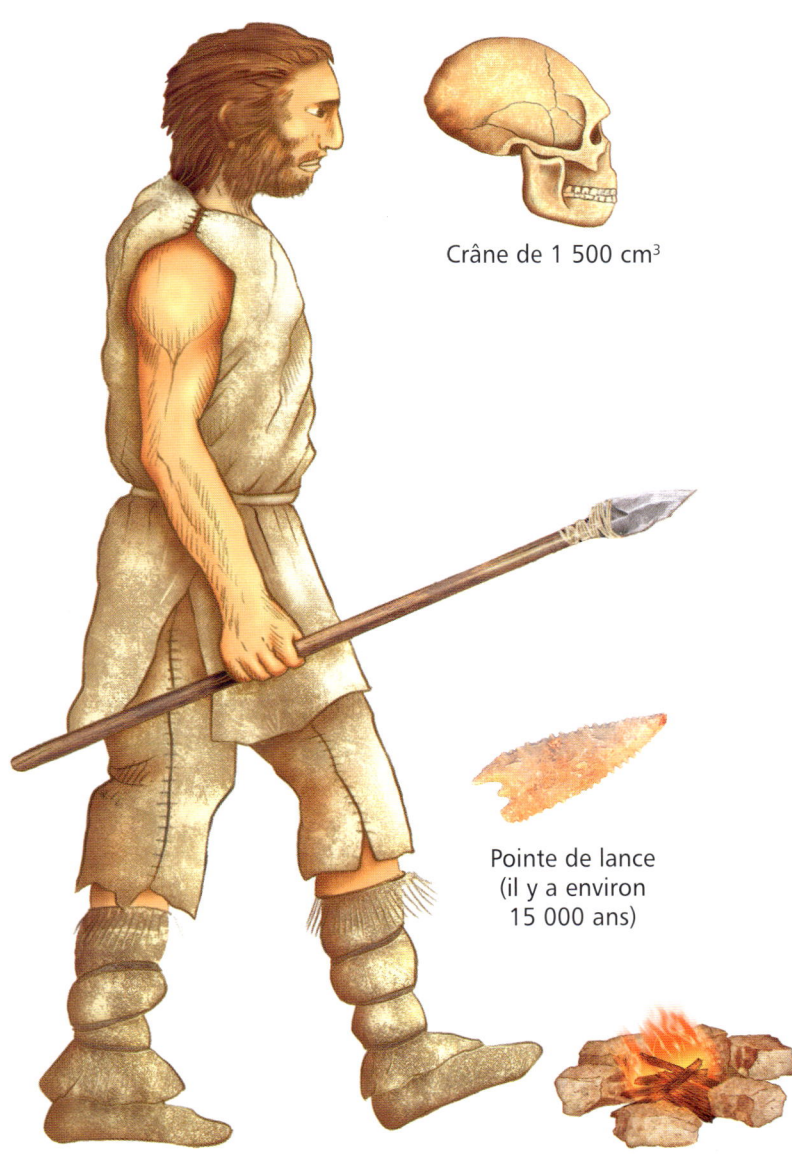

Crâne de 1 500 cm^3

Pointe de lance
(il y a environ
15 000 ans)

▲ **Doc. 3 :** L'*Homo sapiens neandertalensis* (homme sage ou homme de Neandertal).

Taille : 1 mètre 60
L'homme de Neandertal apparaît il y a 100 000 ans.
Il développe des outils de plus en plus perfectionnés.
Il aménage les premières tombes.
Les paléontologues ont trouvé sa trace en Europe et en Asie.

▲ **Doc. 4 :** L'*Homo sapiens sapiens* (homme deux fois sage ou homme de Cro-Magnon).

Taille : 1 mètre 80
L'homme de Cro-Magnon apparaît il y a 35 000 ans, d'abord en Dordogne (en France), au Proche-Orient, puis dans le monde entier.
Les peintures qu'il a réalisées dans les grottes sont encore visibles aujourd'hui.

❓ **D'après toi, y a-t-il un lien entre l'augmentation de la taille du crâne et l'évolution de l'homme ?**

15 Comment les animaux résistent au froid ?

 ## J'observe

▲ **Doc. 1 :** La marmotte hiberne* tout l'hiver au fond de son terrier.

▲ **Doc. 2 :** Les manchots empereurs vivent sur la banquise.

▲ **Doc. 3 :** Le gypaète barbu est un rapace qui continue à chasser malgré le froid.

? **Observe les photos** (Doc. 1 à 3). **Qu'est-ce qui permet à chacun de ces animaux de survivre sous des climats froids et de résister à des températures de − 40 °C ?**

 ## Je lis

Les poils de l'ours polaire mesurent 10 à 15 cm. Ils emprisonnent une couche d'air qui isole son corps du froid. De plus, ses poils transparents et creux conduisent les rayons du soleil jusqu'à la peau qui se réchauffe […].
Une couche de graisse d'environ 10 cm entoure le corps de l'ours. Elle isole ses muscles du froid. Ainsi l'ours peut nager dans l'eau glacée. La femelle utilise cette graisse comme réserve d'énergie pendant son hibernation […]. En septembre, l'ourse se glisse dans sa tanière. Elle s'allonge et s'endort. Bientôt, les premières neiges recouvrent l'entrée de sa cachette. Dehors, la température descend parfois à − 40 °C. Mais dans la tanière, elle est à environ 4 °C.

Marc Beynié, « L'Ours polaire, le géant des glaces », © *Images Doc*, n° 168, Bayard Jeunesse, 2002.

? **Comment l'ours polaire résiste-t-il au froid ?**

Je comprends

▸ **Ces bouteilles contenaient de l'eau à 40 °C. Les dessins montrent la température de l'eau après 4 heures dans le réfrigérateur.**

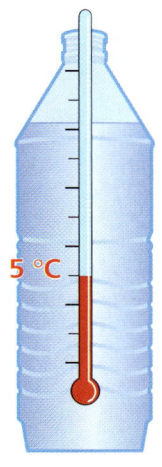
5 °C

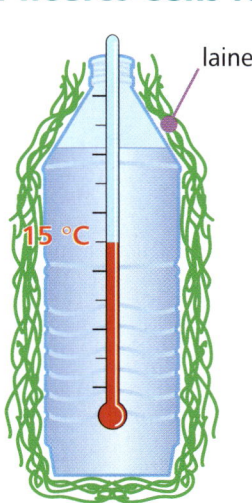
laine
15 °C

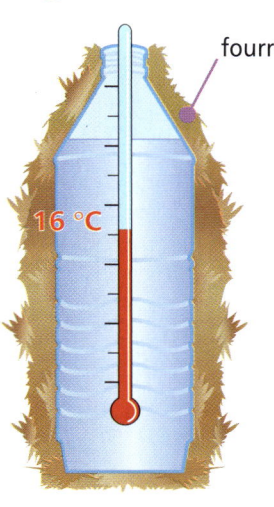
fourrure
16 °C

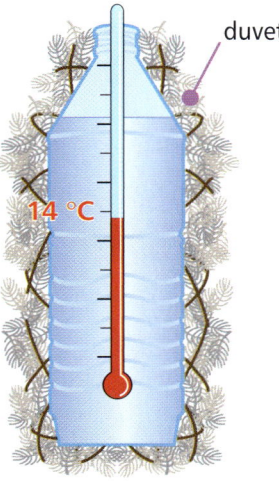
duvet
14 °C

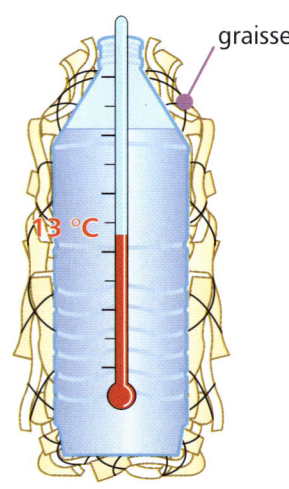
graisse
13 °C

▲ **Doc. 4 :**
Dans la bouteille, l'eau est à 5 °C.

▲ **Doc. 5 :**
Dans la bouteille, l'eau est à 15 °C.

▲ **Doc. 6 :**
Dans la bouteille, l'eau est à 16 °C.

▲ **Doc. 7 :**
Dans la bouteille, l'eau est à 14 °C.

▲ **Doc. 8 :**
Dans la bouteille, l'eau est à 13 °C.

[?] **De combien de degrés l'eau est-elle descendue dans chaque cas (Doc. 4 à 8) ?**

[?] **Quels matériaux ont le mieux conservé la température malgré le froid ?**

La laine, le duvet, la fourrure et la graisse sont de bons isolants thermiques*.
Les animaux qui vivent dans les régions froides ont une épaisse couche de graisse qui leur sert de réserve d'énergie et qui les isole du froid. Leur corps est également recouvert d'une épaisse fourrure ou de duvet qui empêche la chaleur de leur corps de s'échapper.

▸ **Étonnant !**

La plupart des mammifères, comme le chat, le chien et le cheval, ont en hiver un pelage plus dense qu'en été. Pour certains, comme l'hermine, il est d'une couleur différente : blanc comme la neige !

Sur ton carnet de chercheur

• La laine est-elle chaude ?
Réalise une expérience pour vérifier tes hypothèses.

* Vocabulaire

Hiberner : entrer en vie ralentie pendant l'hiver, en abaissant la température de son corps.

Isolant thermique : matériau qui empêche la chaleur de se déplacer. Il est efficace aussi bien pour conserver le chaud que le froid.

J'observe

▲ **Doc. 1 :** Une lionne chasse une gazelle.

▲ **Doc. 2 :** Des fourmis magnans attaquent un petit mammifère.

[?] Observe les **Doc.** 1 et 2. Les plus gros mangent-ils toujours les plus petits qu'eux ?

[?] Quelle est la place de chaque animal dans la chaîne alimentaire ?

Je lis

Pour les mytiliculteurs*, la lutte contre les prédateurs est permanente. Pour empêcher les crabes verts, friands de moules, de grimper sur les pieux, ils enroulent une feuille de plastique au pied. Ils doivent encore pourchasser les bigorneaux perceurs, autres parasites des moules qui perforent leur coquille pour les dévorer, de même que les étoiles de mer très voraces. Les oiseaux prédateurs sont aussi redoutables : goélands, pies de mer, macreuses, oies de Sibérie.

Connaissance de la mer, « Au rythme des marées : la mytiliculture », n° 15, 1973.

[?] En t'aidant du texte, cite quelques prédateurs des moules.

[?] D'après toi, comment les moules peuvent-elles se défendre seules contre les prédateurs ?

[?] Comment les mytiliculteurs protègent-ils leurs moules ?

▶ Étonnant !

Les rats prolifèrent dans les grandes villes, où ils n'ont que très peu de prédateurs à part l'homme. À Paris, on compte 2 millions de rats pour 2 millions d'habitants !

* Vocabulaire

Mytiliculteur : producteur de moules.

Je comprends

▶ **Proies et prédateurs se sont adaptés à leur milieu naturel. Les prédateurs ont développé des armes et des techniques de chasse. Les proies ont développé des techniques de défense pour tenter de leur échapper.**

▲ **Doc. 3 :** Les rapaces sont des prédateurs redoutables grâce à leur bec et à leurs serres qui leur permettent de chasser et de dépecer leurs proies.

▲ **Doc. 4 :** Rien ne résiste aux dents acérées du grand requin blanc !

▲ **Doc. 5 :** Les couleurs vives des ailes des papillons servent à effrayer les oiseaux qui les chassent.

▲ **Doc. 6 :** Se cacher et devenir invisible peut permettre de survivre. Cette phyllie est un insecte mimétique qui a la forme et la couleur des feuilles.

Chaque milieu naturel est peuplé d'espèces vivantes (végétaux et animaux) entre lesquelles existent des **relations alimentaires** : il y a les chasseurs et les chassés, **les prédateurs** et **les proies** qui font partie d'une chaîne alimentaire.
Pour survivre, chaque espèce doit se nourrir d'autres espèces plus vulnérables qu'elle ou moins adaptées à la lutte. **Dans un milieu naturel, il y a en général un équilibre entre le nombre des prédateurs et le nombre de proies.**

Sur ton carnet de chercheur

• Parmi les animaux dessinés, repère les proies et leurs prédateurs. Relie-les par une flèche signifiant « est mangé par ».

La mer est un milieu naturel en équilibre lorsque le nombre des êtres vivants de chaque espèce est stable. Les animaux et les algues y trouvent leur nourriture.

Les hommes font partie du milieu marin. Ils l'exploitent, notamment pour se nourrir.

Mais une surexploitation peut détruire l'équilibre naturel du milieu.

dauphin

chalutier

tortue

méduse

requin

raie

baleine

plancton

pieuvre

[?] Observe, puis fais la liste des animaux et des végétaux du milieu marin.

MARIN

goéland

oyat

macareux

huîtrier-pie

bigorneaux

fou de Bassan

moules

patelle

fucus

étoile de mer

crevette

thons

crabe

anguille

hippocampe

anémone de mer

homard

maquereau

laminaire

❓ Recherche dans une encyclopédie ce que mange chaque animal.

 J'observe

▶ **Doc. 1 :** Cette abeille est en danger ! Le colza a été traité par un pesticide*.

◀ **Doc. 2 :** Des poissons sont en danger ! Cette eau est polluée.

▶ **Doc. 3 :** Cette cigogne est en danger ! Les oiseaux peuvent s'étouffer avec les sacs plastiques.

[?] **Quelles sont les activités humaines qui polluent ?**

[?] **Comment éviter ces pollutions ?**

 Je lis

Gagner de l'argent en évitant de polluer !

Les agriculteurs sont obligés d'utiliser des engrais chimiques pour améliorer les rendements* et des pesticides pour détruire les parasites qui attaquent les cultures. S'il pleut le jour ou le lendemain de l'épandage, ces substances sont entraînées par le ruissellement et polluent la rivière. C'est le cas après une grosse pluie d'orage. Des études ont montré que, sur un champ d'un hectare, 2 à 70 kg de nitrates* peuvent ainsi être entraînés par le ruissellement et polluer la rivière et l'eau des nappes phréatiques*. Cette pollution est toxique pour les poissons et leur environnement.
Les risques sont d'autant plus importants si le sol est nu, s'il est en forte pente et s'il n'y a pas de haies. Au bord des ruisseaux ou des rivières, une bande de 20 mètres de large recouverte d'herbe réduit de 80 % ces risques.

[?] **Que se passe-t-il s'il pleut le jour ou le lendemain de l'épandage ?**

[?] **Quelles mesures permettent de diminuer les risques de pollution ?**

Objectif : Prendre conscience du développement durable pour la gestion de l'environnement.

Éducation à l'environnement

Je comprends

Les activités humaines ont des conséquences sur le milieu naturel.

▲ **Doc. 4 :** L'agriculture utilise des substances chimiques qui peuvent polluer les eaux des rivières.

▲ **Doc. 5 :** Les ostréiculteurs sont des producteurs d'huîtres. Ils ont besoin d'une eau non polluée pour produire des huîtres saines et comestibles.

Le développement durable est le fait de **développer les activités humaines en sauvegardant les milieux.** Nous devons tous agir dans notre vie quotidienne pour **maintenir les milieux naturels en équilibre** et pour empêcher la disparition des espèces animales et végétales.

▶ Étonnant !

Attention ! Il ne faut pas boire n'importe quelle eau dans la nature. De l'eau claire peut être polluée. Elle peut contenir des microbes, des pesticides et des nitrates, invisibles à l'œil nu.

Sur ton carnet de chercheur

• Réalise avec tes camarades une affiche pour sensibiliser les autres classes à la protection de l'environnement : ne pas jeter de sacs plastiques dans la nature, trier ses ordures…

✳ Vocabulaire

Nappe phréatique : nappe d'eau souterraine emprisonnée dans les roches.

Nitrate : engrais chimique.

Pesticide : substance toxique pour les insectes et les microbes qui attaquent les cultures.

Rendement : quantité de plantes produites sur un champ.

Zoom sur... UN ESTUAIRE

Pour préserver les milieux naturels, il faut trouver un bon équilibre entre la sauvegarde des milieux et les activités humaines. L'homme peut ainsi éviter la disparition des espèces animales et végétales.

porcherie

HUÎTRES

NE PAS RAMASSER DE COQUILLAGES
POLLUTION

▲ **Doc. 1 :** Un estuaire pollué.

❓ **Fais la liste de toutes les actions polluantes pour l'environnement que tu vois sur le Doc. 1.**

64

POLLUÉ OU PRÉSERVÉ

▲ **Doc. 2 :** Un estuaire préservé.

❓ **Pour chaque action polluante du Doc. 1, recherche dans le Doc. 2 la solution pour l'éviter.**

Zoom sur...

La Terre est un bien commun dont nous devons prendre soin.

Nous utilisons les ressources de notre planète pour répondre à nos besoins d'aujourd'hui. Mais nous devons laisser aux générations futures une Terre propre et des sols fertiles pour protéger leur avenir.

Le développement durable* fait appel à notre bon sens. Il concerne chacun d'entre nous dans nos gestes quotidiens.

Un air sain à respirer

▲ **Doc. 1 :** Pour ne pas respirer un air pollué dans les grandes villes…

▲ **Doc. 2 :** … je choisis de me déplacer à vélo ou en transports en commun.

[?] **Que peux-tu faire aujourd'hui pour limiter la pollution atmosphérique** (Doc. 1 et 2) **?**

Le tri et le recyclage des déchets

▲ **Doc. 3 :** Pour ne pas voir des ordures et des déchets dans la nature…

▲ **Doc. 4 :** … je choisis de réutiliser les sacs plastiques.

[?] **Que peux-tu faire dès cette semaine pour limiter la pollution par les sacs plastiques** (Doc. 3 et 4) **?**

LE DÉVELOPPEMENT DURABLE

Du papier recyclé pour sauver la forêt

▲ **Doc. 5 :** Pour ne pas voir la déforestation…

▲ **Doc. 6 :** … je choisis d'utiliser du papier recyclé.

[?] **Que peux-tu faire chaque jour en classe pour limiter ta consommation de papier (Doc. 5 et 6) ?**

Des principes de prévention et de prudence

▲ **Doc. 7 :** Pour ne pas voir des feux de forêt…

FEU INTERDIT

▲ **Doc. 8 :** … je choisis de respecter les consignes de prudence.

[?] **Que peux-tu faire aujourd'hui pour éviter les feux de forêt (Doc. 7 et 8) ?**

▶ **Étonnant !**

Recycler une canette en aluminium permet d'économiser assez d'énergie pour faire fonctionner un téléviseur pendant 3 heures.

Sur ton carnet de chercheur

• Pour chacune des questions, choisis une des propositions. Recherche ensuite si ton choix est celui d'un bon « écocitoyen »*, respectueux du développement durable. Lance un débat avec tes camarades sur chaque thème.

* Vocabulaire

Développement durable : fait de concilier le progrès technique, les nécessités économiques et la préservation de notre planète.

« Écocitoyen » : individu qui s'implique dans la vie de la société et dans la préservation de l'environnement.

J'observe

▲ **Doc. 1 :** Une flaque d'eau en cours d'évaporation.

? **À ton avis, que va-t-il se passer (Doc. 1) ?**

▲ **Doc. 2 :** Le ruissellement sur des pentes montagneuses.

? **Quel élément naturel présent sur le Doc. 2 permet de freiner le ruissellement de l'eau ?**

▲ **Doc. 3 :** Des eaux souterraines.

? **À ton avis, comment cette rivière souterraine a pu se former (Doc. 3) ?**

Je lis

Les nappes phréatiques sont sous surveillance.

Les précipitations des prochaines semaines seront déterminantes pour le remplissage des nappes phréatiques en France. Faute de pluies significatives, le pays risque de connaître une sécheresse pire que celle de 2003. […] Le débit des cours d'eau est resté faible pour la saison et les nappes se sont peu rechargées depuis octobre, constate le ministère de l'Environnement.

Metro, n° 503, jeudi 29 avril 2004.

? **Quelles formes de précipitations, liquides ou solides, connais-tu ?**

? **En t'aidant du texte, explique les causes de la sécheresse.**

? **Quelles sont les conséquences de la sécheresse pour l'homme et son environnement ?**

▶ Étonnant !

Dans certains déserts, il ne pleut pas, mais il peut y avoir de la rosée. Les hommes installent des filets qui capturent les gouttes d'eau de la rosée et les font couler dans des réservoirs.

Je comprends

▶ **Il y a différents types de sols. Le sol peut être de graviers, de sable, de terre ou d'argile. Réalise ces expériences qui montrent comment l'eau pénètre dans le sol.**

  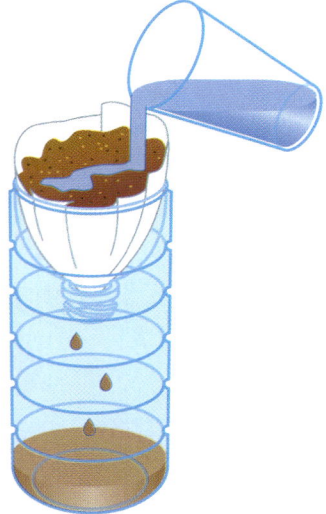 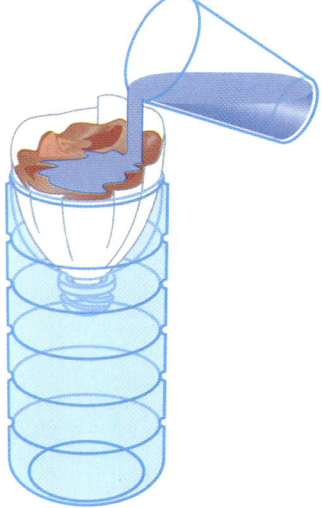

▲ **Doc. 4 :** On verse de l'eau sur des graviers.

▲ **Doc. 5 :** On verse de l'eau sur du sable.

▲ **Doc. 6 :** On verse de l'eau sur de la terre.

▲ **Doc. 7 :** On verse de l'eau sur de l'argile.

[?] **Observe chacune de ces expériences (Doc. 4 à 7). Explique ce qui se passe dans chaque cas.**

[?] **Que constates-tu ?**

[?] **Classe ces différents types de sols selon leur perméabilité*, du plus perméable au moins perméable.**

Quand elle **s'infiltre** dans la terre, l'eau de pluie traverse certaines roches qui la laissent passer, comme le calcaire. **Ces roches sont perméables**. L'eau peut s'enfoncer dans le sous-sol à travers ces roches perméables jusqu'au moment où elle rencontre des **roches imperméables**, comme l'argile. **L'eau s'accumule alors en formant une nappe phréatique**. Cette eau peut être captée directement par forage* (ou puits) ou ressortir sous forme de source qui alimente les rivières.

 **Sur ton carnet de chercheur**

• Enquête sur les inondations et leurs causes possibles (rôle du sol, de la végétation, de la violence des pluies). Réalise un panneau d'affichage avec les documents que tu auras recueillis.

* Vocabulaire

Forage : action de creuser un trou mécaniquement (forer).

Perméabilité : être perméable, c'est-à-dire laisser passer l'eau.

Le cycle de l'eau est la circulation en continu de l'eau, de la terre à l'atmosphère et de l'atmosphère à la terre. Dans l'atmosphère, l'eau circule sous forme de vapeur d'eau ou de cristaux de glace dans les nuages.

Sur la terre, elle circule sous forme liquide en surface (rivières, mers, océans) ou sous terre (nappes phréatiques).

Le moteur du cycle de l'eau est le Soleil.

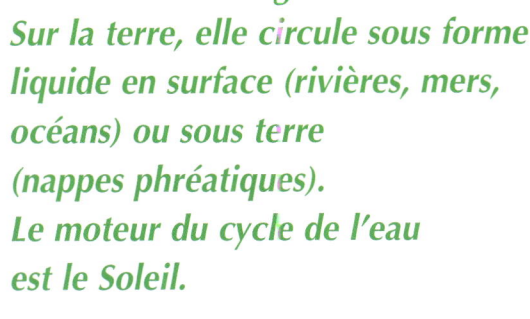

précipitations

ruissellement

infiltration

Sur ton carnet de chercheur

• Complète ou modifie les schémas du cycle de l'eau reproduits dans ton carnet.

▶ **Étonnant !**

En moyenne sur l'année et sur l'ensemble du globe terrestre, 65 % des précipitations qui arrivent à terre s'évaporent, 24 % ruissellent et 11 % s'infiltrent.

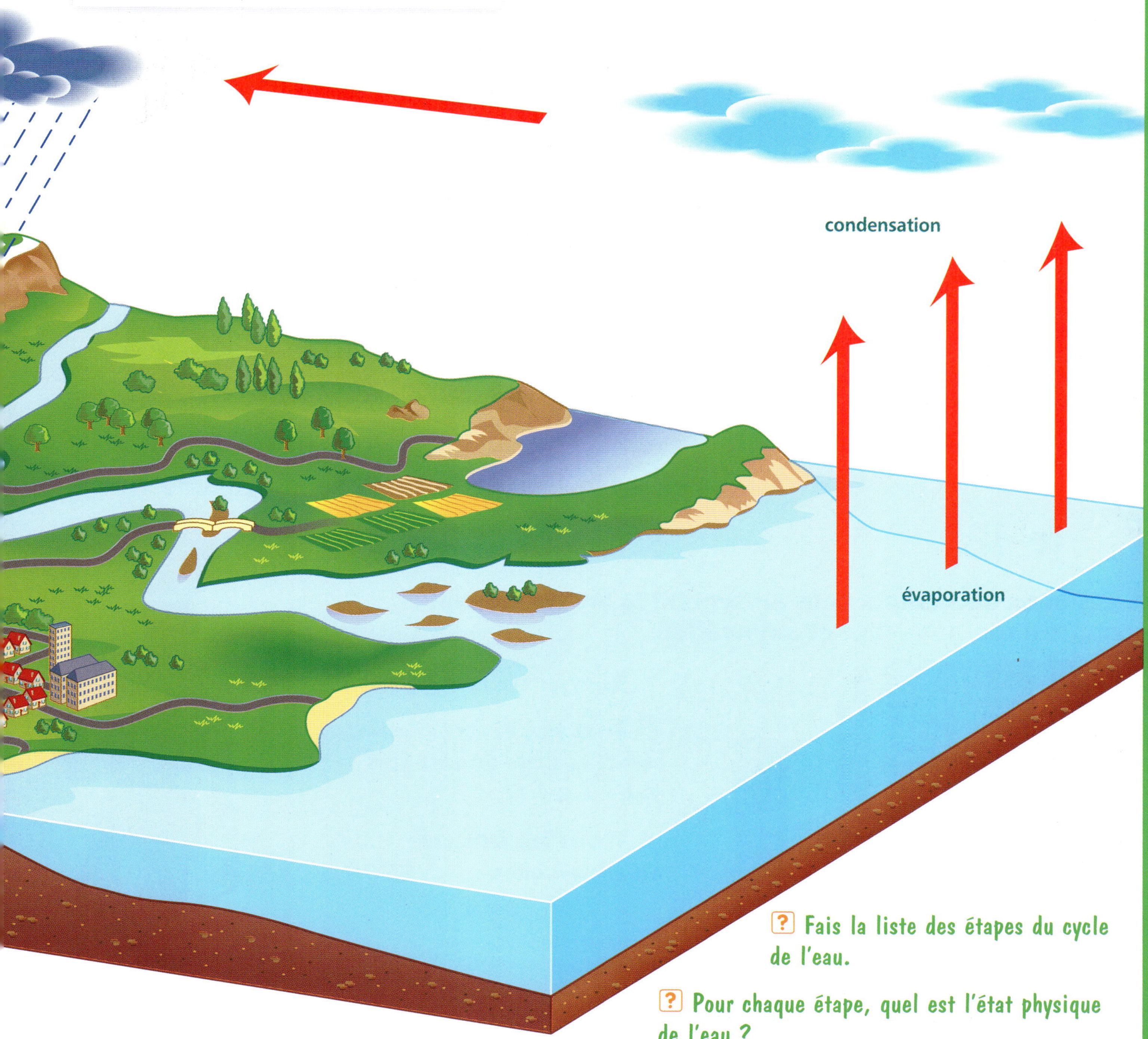

condensation

évaporation

[?] Fais la liste des étapes du cycle de l'eau.

[?] Pour chaque étape, quel est l'état physique de l'eau ?

J'observe

▲ **Doc. 1 :** L'eau remontée d'un puits au Népal.

▶ **Doc. 2 :** L'eau d'une fontaine publique.

[?] Observe ces trois photos. Peut-on, sans risque pour la santé, boire chacune de ces eaux ?

▲ **Doc. 3 :** Le pont du Gard est un aqueduc construit par les Romains au Ier siècle ap. J.-C.

 Je lis

▶ Ces deux documents nous présentent la vie quotidienne sans l'eau courante, hier et aujourd'hui.

[?] Qu'est-ce que l'eau courante ?

[?] À ton avis, où ces personnes sont-elles allées chercher l'eau (Doc. 4 et 5) ?

[?] D'après toi, cette eau est-elle potable (Doc. 4 et 5) ?

◀ **Doc. 4 :** Des porteurs d'eau dans les rues de Paris au XVIIIe siècle.

▶ **Doc. 5 :** Une porteuse d'eau aujourd'hui en Inde.

Éducation à l'environnement

 # Je comprends

> **Pour rendre l'eau des rivières et des nappes phréatiques potable et propre à la consommation, l'homme construit des stations de traitement des eaux.**

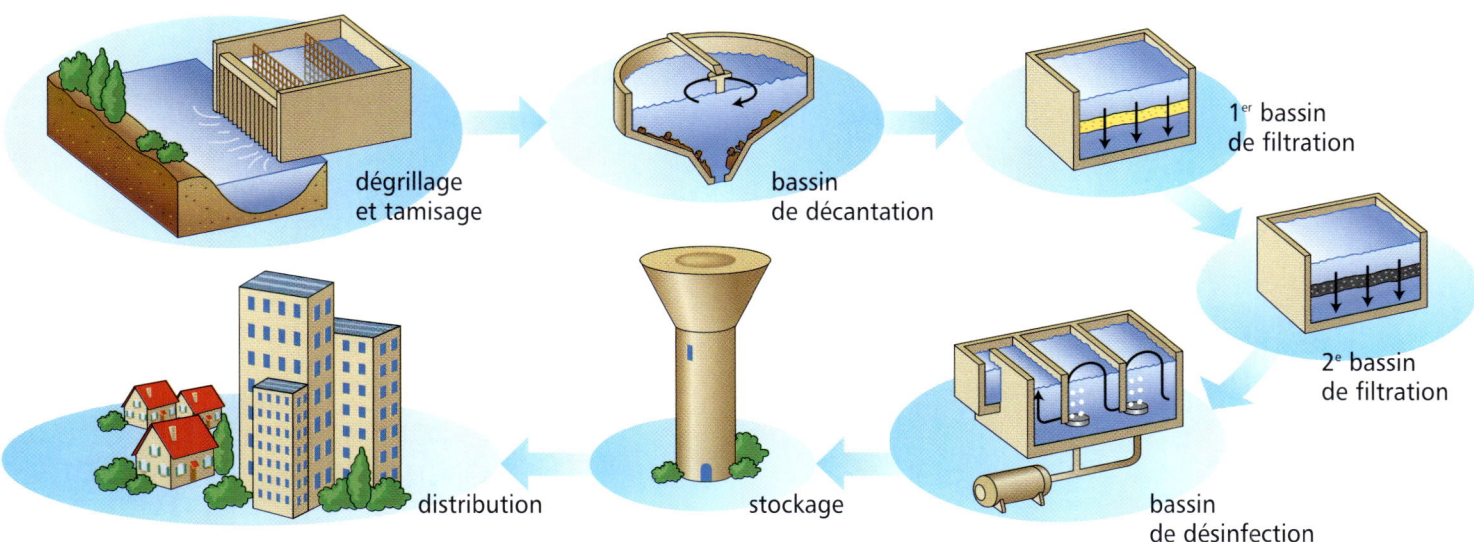

dégrillage et tamisage — bassin de décantation — 1er bassin de filtration — 2e bassin de filtration — bassin de désinfection — stockage — distribution

▲ **Doc. 6 :** Les différentes étapes du traitement de l'eau.

Pour rendre l'eau potable, on la traite dans une **usine de traitement de l'eau** pour éliminer les éléments de matière et les organismes microscopiques comme les virus et les microbes*.
Il y a différentes étapes avant que l'eau potable n'arrive au robinet du consommateur :
– **le captage ou le pompage de l'eau dans un cours d'eau ou une nappe phréatique ;**
– **le traitement ;**
– **la distribution.**
À chaque étape, la qualité de l'eau est contrôlée : elle doit être conforme aux normes en vigueur.
L'eau est déclarée potable quand elle peut être bue sans risque pour la santé.

Sur ton carnet de chercheur

• Enquête sur la distribution de l'eau dans ta commune. Existe-t-il un château d'eau ? une usine de traitement des eaux ? des fontaines ?

> ## Étonnant !

En France, la longueur de toutes les canalisations* d'eau dépasse 600 000 kilomètres : plus de 15 fois le tour de la Terre !

* Vocabulaire

Canalisation : tuyau dans lequel voyage l'eau potable.

Microbe : être vivant microscopique qui cause des maladies.

 J'observe

▲ **Doc. 1 :** Cette eau polluée se déverse directement dans la mer.

[?] **D'où peut provenir cette eau (Doc. 1) ?**

[?] **Qu'est-ce qui a pu provoquer la mort de ces poissons (Doc. 2) ?**

▲ **Doc. 2 :** Ces poissons sont morts.

Je lis

Bélénos était le dieu gaulois des Sources et de la Santé. Ce nom a été donné à un bateau qui navigue sur la Seine. À travers le département des Hauts-de-Seine, sur 30 km, le bateau dépollueur *Bélénos* récupère 300 à 400 tonnes de déchets par an : des objets flottants en tous genres, des résidus de nettoyage des espaces verts des berges, des épaves comme des voitures ou des réfrigérateurs…

▲ **Doc. 3 :** Le *Bélénos*, bateau dépollueur de la Seine.

[?] **Recherche sur une carte où le « Bélénos » récupère les déchets polluants.**

[?] **Quels équipements vois-tu sur ce bateau (Doc. 3) ?**

[?] **Le nom donné à ce bateau te semble-t-il justifié ? Pourquoi ?**

Je comprends

▶ **La pollution de l'eau n'est pas toujours visible.**

eau + vinaigre blanc.

◀ **Doc. 4 :** Deux semaines après, la plante est morte.

◀ **Doc. 5 :** Deux semaines après, les clous sont rouillés.

◀ **Doc. 6 :** Deux semaines après, les débris et la terre se sont déposés au fond du verre et l'eau est sale.

Tous les déchets ne présentent pas les mêmes risques de pollution pour les écosystèmes* aquatiques. Certains polluants sont **biodégradables : ils sont décomposés naturellement par des micro-organismes***. D'autres, comme les plastiques, les métaux ou certains produits chimiques (pesticides, engrais…) ne sont **pas ou peu biodégradables : ils intoxiquent les espèces animales ou végétales et détériorent la qualité de l'eau**.
On parle de pollution de l'eau lorsque l'équilibre d'un écosystème aquatique est modifié de façon durable par des déchets toxiques. **Attention ! La pollution de l'eau n'est pas toujours visible à l'œil nu.**

▶ **Étonnant !**

Le dragage* de la Garonne a permis d'enlever la vase du fleuve, mais aussi de récupérer des pièces de monnaie de l'époque romaine. Il n'y a pas que des détritus dans nos fleuves !

Sur ton carnet de chercheur

• Les emballages de certains produits que nous utilisons tous les jours portent souvent des logos ou des signes qui montrent qu'ils protègent l'environnement. Recherche chez toi des emballages avec des étiquettes de ce type. Explique leur signification.

* Vocabulaire

Dragage : nettoyage du fond d'une rivière, d'un marais ou d'un lac en raclant la boue, la vase…

Écosystème : dans un même milieu, ensemble des êtres vivants et des éléments non vivants qui sont en relation entre eux.

Micro-organisme : être vivant très petit, à peine visible au microscope.

J'observe

▶ **La collecte et l'évacuation des eaux usées.**

◀ **Doc. 1 :** Ces égoutiers travaillent dans le réseau souterrain des égouts parisiens.

▶ **Doc. 2 :** Après le nettoyage des rues, les eaux usées coulent dans les égouts.

▶ **Doc. 3 :** L'eau de vaisselle s'écoule dans les canalisations.

[?] Où vont les eaux usées et les déchets des Doc. 2 et 3 ?

[?] À ton avis, les installations du Doc. 1 existent-elles dans toutes les villes ? dans toutes les campagnes ?

[?] Où vont les eaux usées de ta maison ?

Je lis

▶ **Une station d'épuration pour nettoyer les eaux usées.**

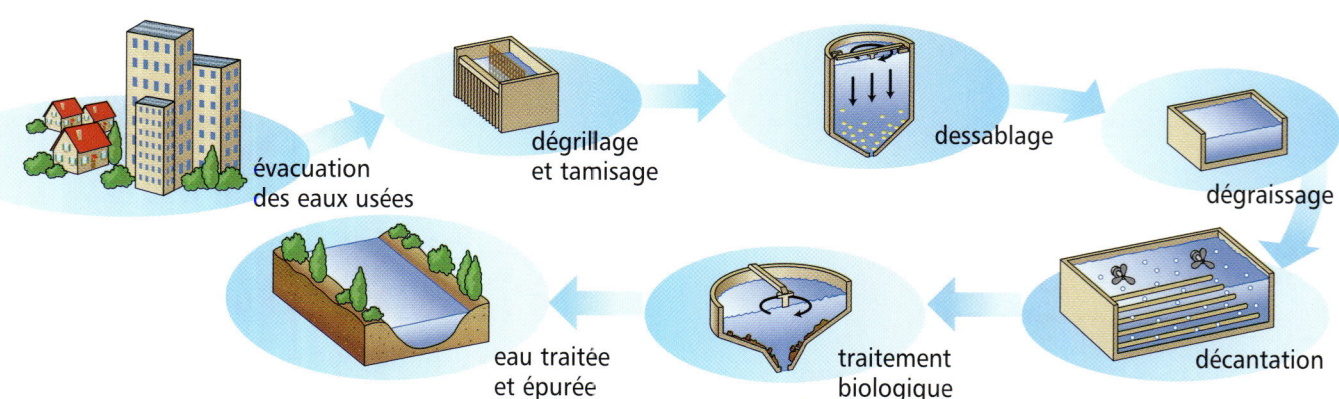

évacuation des eaux usées — dégrillage et tamisage — dessablage — dégraissage — décantation — traitement biologique — eau traitée et épurée

[?] À quelle étape l'eau est-elle débarrassée des déchets les plus volumineux ?

[?] Où récupère-t-on les sables ? les graisses ?

[?] À ton avis, peut-on boire l'eau épurée ? Aide-toi du Doc. 6 de la page 73.

Je comprends

▶ **Chloé et Maxime ont réalisé cette mini-station d'épuration pour imiter le fonctionnement de la station de la page 76.**

débris naturels
grille
Ⓐ
Ⓑ
graviers
charbon de bois
Ⓒ
sable
Ⓓ

Nous avons emboîté quatre grandes bouteilles en plastique, découpées et percées.

Dans la bouteille Ⓐ, nous avons placé une grille pour arrêter les gros déchets.

Dans la bouteille Ⓑ, nous avons placé une couche de graviers pour filtrer l'eau.

Dans la bouteille Ⓒ, nous avons mis du charbon de bois pour détruire les produits chimiques, puis une couche de sable pour filtrer l'eau une dernière fois.

Nous avons réussi ! L'eau très sale du début est devenue claire dans la bouteille Ⓓ. Mais nous ne l'avons tout de même pas bue !

La loi sur l'eau de 1992 oblige les communes françaises à **collecter et à acheminer les eaux usées vers une station d'épuration**. Avant de rejeter l'eau à la rivière ou à la mer, il s'agit de **récupérer les déchets solides et les matières organiques***, et de retirer un à un les produits polluants**.
Dans les villes, les eaux usées des maisons sont souvent mélangées aux eaux de ruissellement dans les égouts.
Les usines n'ont pas le droit de rejeter directement dans les égouts leurs eaux usées. Elles doivent d'abord les dépolluer.

▶ **Étonnant !**

Dans notre corps, il existe une station d'épuration pour filtrer le sang et éliminer les déchets : les reins.

Sur ton carnet de chercheur

• Sur le schéma d'une maison en coupe, colorie en bleu le circuit des eaux propres et en marron le circuit des eaux usées.

＊ Vocabulaire

Matière organique : reste de nourriture, excrément.

Zoom sur... L'ACTION DE

L'homme capte l'eau dans la nature et l'utilise pour ses besoins. Il renvoie l'eau dans la nature après l'avoir utilisée. Pour garantir la qualité de l'eau et pour préserver les ressources en eau, l'homme emploie des techniques sophistiquées.

pompage

station de traitement

traitement

pompage dans la nappe phréatique

château d'eau

distribution

station d'épuration

L'HOMME SUR LE CYCLE DE L'EAU

▶ Étonnant !

L'eau est une richesse dont sont privées certaines régions du monde. La consommation domestique moyenne d'eau par habitant et par jour est très inégale : 300 litres aux États-Unis, 200 litres en France, et seulement 30 litres par jour et par habitant en Afrique.

[?] **À quels moments l'homme intervient-il dans le cycle de l'eau ?**

[?] **Décris le trajet de l'eau de la nappe phréatique à la rivière en passant par notre robinet.**

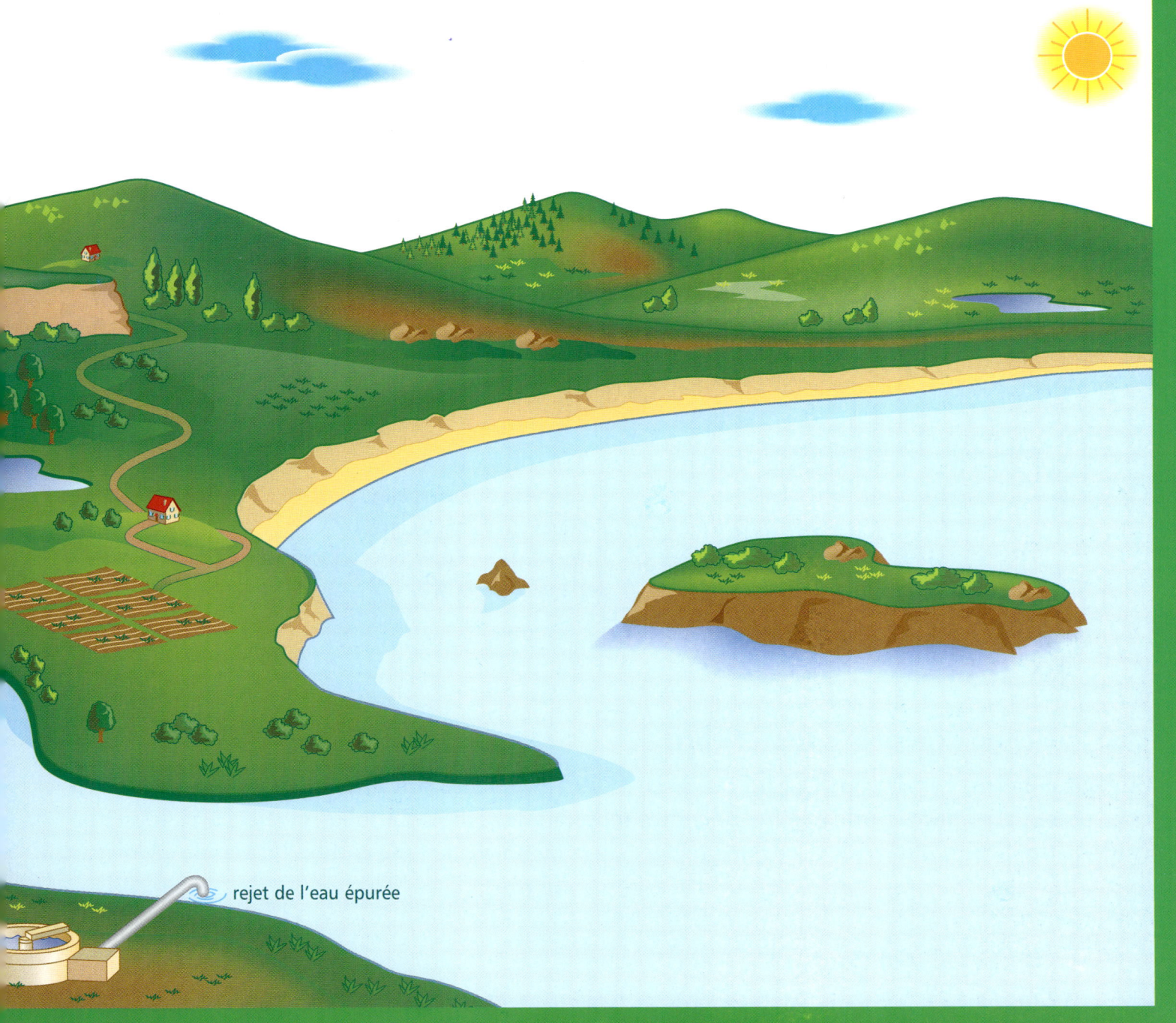

rejet de l'eau épurée

Que devient la pomme que je mange ?

🔍 J'observe

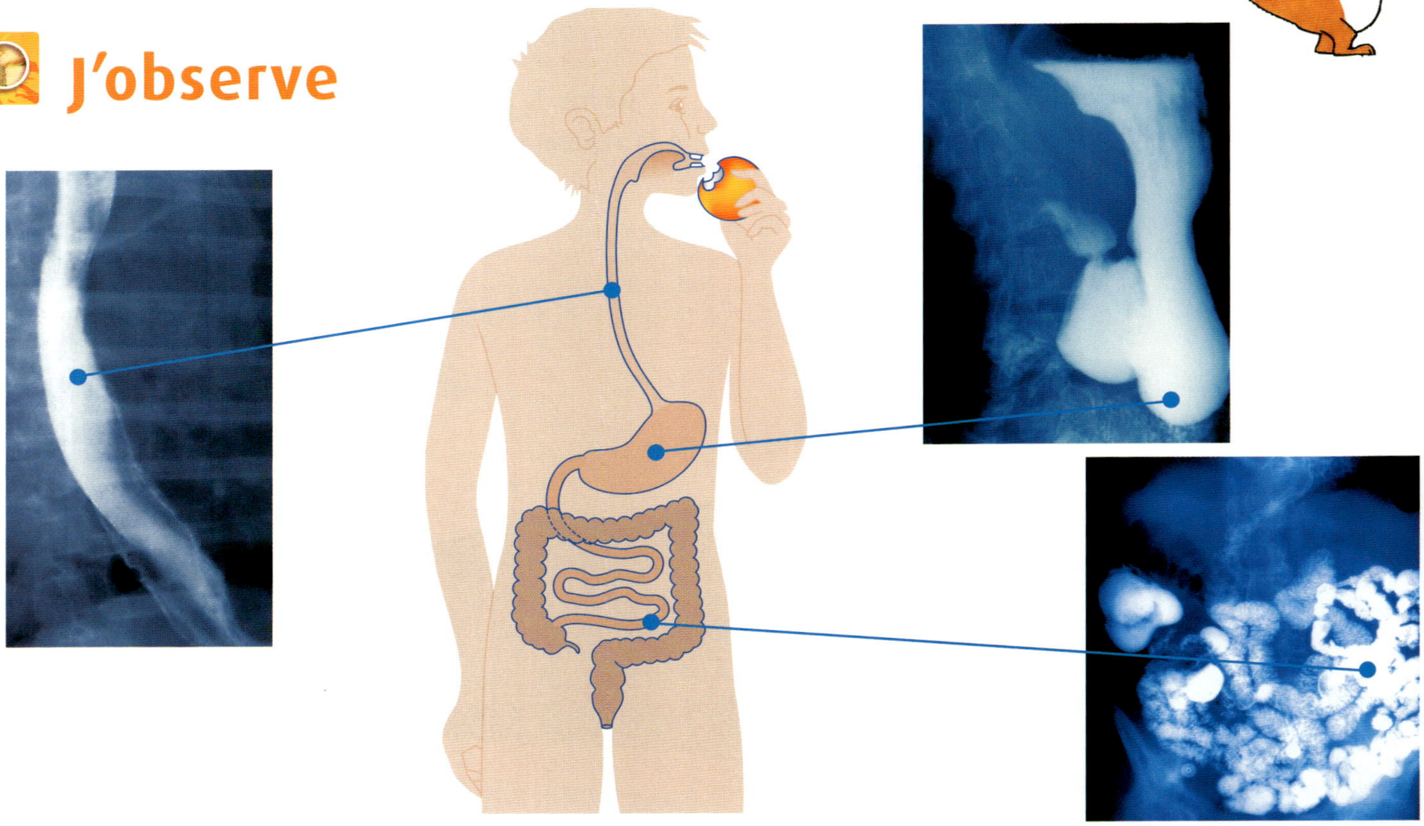

▲ **Doc. 1 :** Radiographies de l'appareil digestif.

❓ Que va-t-il se passer dans la bouche ?

❓ À ton avis, quel est le rôle des dents ? de la salive ?

❓ Sur ces radiographies, peux-tu identifier : l'œsophage ? l'estomac ? l'intestin grêle ?
Aide-toi du « Zoom sur... L'intérieur du corps humain » des pages 98 et 99.

 Je lis

Une ancienne expérience très célèbre

Biologiste italien, Lazzaro Spallanzani réalise en 1787 l'expérience suivante. Il avale un petit tube en bois, percé de nombreux trous, qui contient un morceau de viande. Le tube est rejeté avec les selles vingt-quatre heures plus tard. Bien que protégée du broyage par le tube en bois, la viande a « disparu ».

❓ Qu'a voulu prouver Lazzaro Spallanzani ?

❓ À ton avis, que s'est-il passé ?

❓ Le broyage des aliments est-il la seule étape de la digestion ?

❓ Qu'est-ce qui a pu permettre la digestion totale du morceau de viande ?

Je comprends

▶ **Le trajet des aliments dans l'appareil digestif.**

 Suis le trajet des aliments. Fais la liste des organes qui jouent un rôle dans la digestion.

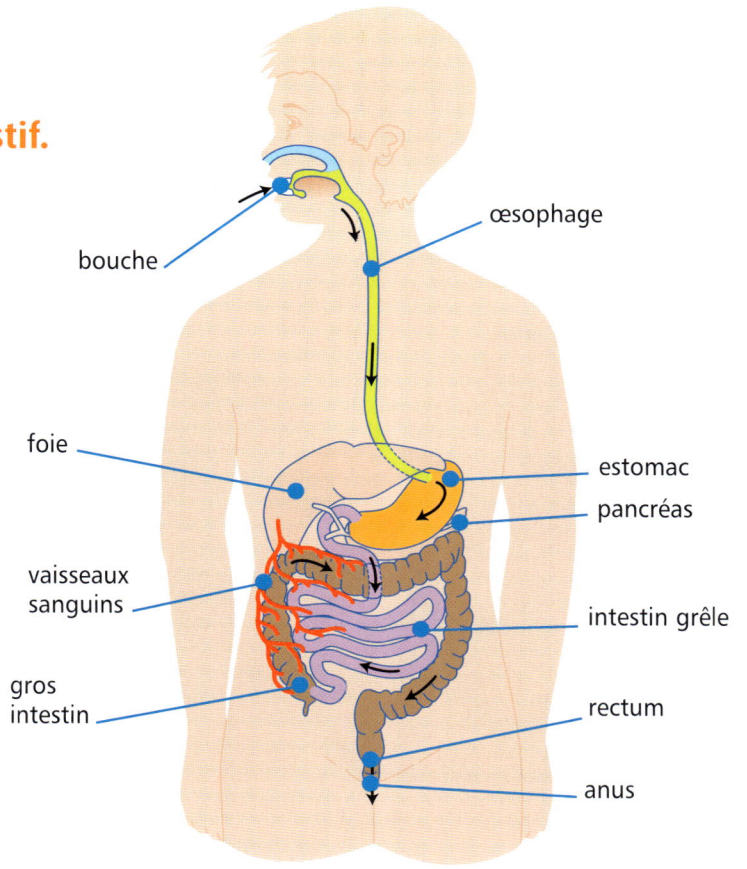

bouche
œsophage
foie
estomac
pancréas
vaisseaux sanguins
intestin grêle
gros intestin
rectum
anus

▲ Doc. 2 : L'appareil digestif.

Lors de la digestion, des phénomènes mécaniques et chimiques transforment les aliments.
Dans la bouche, les aliments sont écrasés, broyés par les dents, malaxés avec la salive, mâchés pour être ramollis, puis avalés. Ils descendent dans **l'œsophage** jusqu'à **l'estomac**.
Dans l'estomac, les aliments sont transformés en bouillie grâce aux muscles et aux **sucs digestifs***. Cette bouillie passe ensuite dans **l'intestin grêle** où elle devient plus liquide et continue à être transformée par les sucs digestifs.
Dans l'intestin grêle, il y a un tri :
– la partie digérée est constituée de **nutriments*** **qui passent dans le sang** et nourrissent toutes les cellules de notre corps ;
– les déchets non digérés vont dans **le gros intestin** pour être évacués par l'anus sous forme d'**excréments**.

 ## Sur ton carnet de chercheur

• Complète le schéma de l'appareil digestif. Enquête pour répondre à ces questions : « À quoi sert l'épiglotte ? Que se passe-t-il quand on avale de travers ? Quel geste faut-il faire pour aider quelqu'un qui s'étouffe ? »

▶ **Étonnant !**

On peut avaler un morceau de pomme croqué et mâché même si on a la tête en bas ! Ce sont des muscles qui font avancer les aliments dans l'œsophage.

* Vocabulaire

Nutriments : protéines, sucres, eau et sels minéraux contenus dans les aliments, et qui passent dans le sang au moment de la digestion.

Suc digestif : substance chimique qui intervient dans la digestion des aliments.

Pourquoi le corps a-t-il besoin d'eau ?

 ## J'observe

▲ **Doc. 1 :** Le bébé boit au biberon.

▲ **Doc. 2 :** La sportive a besoin de boire après l'effort.

[?] **Que fait la maman (Doc. 1) ?**

[?] **Que fait la sportive (Doc. 2) ?**

[?] **De quelles façons le bébé et la sportive perdent-ils l'eau de leur corps (Doc. 1 et 2) ?**

[?] **À ton avis, que se passerait-il si le bébé et la sportive ne buvaient pas ?**

 ## Je lis

Une panne d'avion dans le désert du Sahara

Quelque chose s'était cassé dans mon moteur. Et comme je n'avais avec moi ni mécanicien, ni passagers, je me préparais à essayer de réussir, tout seul, une réparation difficile. C'était pour moi une question de vie ou de mort. J'avais à peine de l'eau à boire pour huit jours. [...]

Nous en étions au huitième jour de ma panne dans le désert et j'avais écouté l'histoire du marchand en buvant la dernière goutte de ma provision d'eau.

– Ah ! dis-je au Petit Prince, ils sont bien jolis, tes souvenirs, mais je n'ai pas encore réparé mon avion, je n'ai plus rien à boire [...].

– J'ai soif aussi... cherchons un puits...

Antoine de Saint-Exupéry, *Le Petit Prince* (1946), © Éditions Gallimard.

[?] **Pourquoi l'auteur dit-il que la réparation de l'avion est « une question de vie ou de mort » ?**

[?] **Le besoin en eau est-il plus important dans le désert qu'ailleurs ? Pourquoi ?**

[?] **Renseigne-toi : combien de temps peut-on survivre sans boire ?**

Je comprends

▶ **La chaleur influe sur nos besoins en eau. Voici les mesures préventives pour éviter la déshydratation*.**

casquette

parasol

tee-shirt de
couleur claire

bouteille d'eau

[?] **Écris un texte pour décrire les mesures à prendre pour éviter la déshydratation.**

◀ **Doc. 3 :** Sur la plage au mois d'août, il faut protéger les enfants de la déshydratation.

Quel que soit l'âge, **l'eau est le principal constituant du corps humain**. Par exemple, le corps d'un enfant pesant 30 kg est constitué de 20 litres d'eau environ ; celui d'un adulte de 70 kg de 45 litres environ. **L'eau est essentielle au bon fonctionnement de tous les organes**. Elle est partout dans le corps, même dans les os !
L'organisme élimine en permanence environ 2,5 litres d'eau chaque jour, par le **rejet d'urine** (1,5 litre), la **respiration** (0,5 litre) et la **transpiration** (0,5 litre). Il faut donc boire et manger régulièrement pour remplacer ces pertes et éviter la déshydratation.

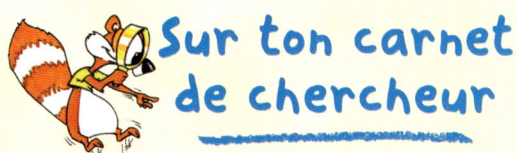 ## Sur ton carnet de chercheur

• Explique pourquoi tu dois boire davantage lorsque tu es malade, lorsque tu as de la fièvre, lorsque tu as très chaud et lorsque tu fais du sport.

▶ **Étonnant !**

En nageant, tu transpires dans l'eau !

* Vocabulaire

Déshydratation : diminution de la quantité d'eau contenue dans l'organisme.

J'observe

MENU

Boisson :
eau

Entrée :
carottes râpées

Viande :
poulet rôti

Légumes :
haricots verts

Fromage :
yaourt nature

Dessert :
raisin

◁ **Doc. 1 :** Un menu de restauration scolaire d'aujourd'hui.

▶ **Doc. 2 :** Un menu de restaurant pour les enfants, vers 1900.

[?] Lis ces deux menus (Doc. 1 et 2). Compare-les : nombre des plats, composition des plats, boissons.

[?] À ton avis, quel menu est-il préférable de choisir pour être en bonne santé ? Pourquoi ?

Je lis

Gastronomique

Après une attente gratinée sous un soleil au beurre noir, je finis par monter dans un autobus pistache où grouillaient les clients comme asticots dans un fromage trop fait. Parmi ce tas de nouilles, je remarquai une grande allumette avec un cou long comme un jour sans pain et une galette sur la tête qu'entourait une sorte de fil à couper le beurre [...].

Raymond Queneau, *Exercices de style* (1947), © Éditions Gallimard.

[?] Qu'est-ce que la gastronomie ? Recherche ce mot dans le dictionnaire.

[?] Le titre choisi par Raymond Queneau pour son texte te semble-t-il justifié ?

Je comprends

▶ La composition d'un repas équilibré

Pour que le repas d'un enfant de 10 ans soit équilibré, il doit comporter en moyenne :

- 50 à 100 g de viande, de poisson ou d'œuf.

- 0,5 à 0,8 l d'eau.

- 100 à 150 g de légumes (crus ou cuits).

- 100 à 125 g d'un féculent* : riz, pâtes, pommes de terre, pain, légumes secs.

- 70 à 125 g de dessert (fruit cru ou cuit, dessert lacté comme un yaourt ou un flan).

Une alimentation saine, variée et équilibrée favorise la bonne santé et la croissance harmonieuse* de l'enfant. **La quantité de graisses doit être contrôlée :** on ne doit pas manger d'aliments gras comme les frites, la charcuterie et les pâtisseries plus d'une fois par semaine. **L'équilibre alimentaire est important à chaque repas.** Le petit-déjeuner et le goûter ne doivent pas être négligés. Ils permettent d'éviter les grignotages en dehors des repas et donc les risques d'obésité*.

▶ Étonnant !

L'étude des dents et des os permet de donner des informations précises sur l'alimentation des hommes préhistoriques : ils étaient omnivores*, consommaient beaucoup de viande et préféraient le renne au bison.

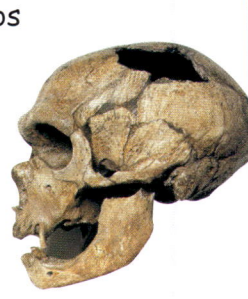

Sur ton carnet de chercheur

- Écris ton menu idéal. Comporte-t-il tous les éléments d'un repas équilibré ? Explique pourquoi.

✳ Vocabulaire

Croissance harmonieuse : développement équilibré du corps en taille et en poids.

Féculent : aliment qui contient une sorte de farine : la fécule. La pomme de terre, le riz et les pâtes sont des féculents.

Obésité : excès de poids.

Omnivore : qui mange aussi bien des plantes que de la viande.

Les professionnels de la santé ont classé les aliments selon leur rôle dans le bon fonctionnement de notre corps. Tous les aliments d'un même groupe contiennent les mêmes nutriments.
Manger équilibré, c'est manger sans excès au moins un aliment de chaque groupe par jour.

L'eau est la seule boisson **indispensable**.

Sur ton carnet de chercheur

• Dans certains pays, la population souffre de malnutrition. Explique ce que signifie ce terme. Recherche un exemple précis.

Le sucre et les produits sucrés. Tous les aliments qui contiennent du sucre : confiture, chocolat, bonbons, miel, boissons sucrées… sont regroupés sous le nom de « **sucres rapides** ». **Ces aliments ne sont pas indispensables au bon fonctionnement de notre corps. Il ne faut les consommer que rarement et en petites quantités.**

Les matières grasses. Ce groupe contient des **lipides**, nécessaires pour constituer des réserves d'énergie et apporter des vitamines. Il ne faut pas consommer trop de matières grasses, car les graisses sont stockées par le corps et font grossir.

Les viandes, les poissons et les œufs. Ce groupe apporte des **protéines** pour **le développement** des muscles.

Le lait et les produits laitiers. Ce groupe apporte du **calcium** pour les os et des **protéines** pour la **construction** et le renouvellement des cellules.

Le pain, les céréales, les pommes de terre et les légumes secs. Ce groupe est riche en **sucres naturels** « **lents** » qui servent à donner de l'**énergie** pour faire fonctionner les muscles.

Les fruits et les légumes. Ce groupe apporte beaucoup de **vitamines, des sels minéraux et des fibres**.

? As-tu mangé équilibré aujourd'hui ? Regarde la pyramide des aliments et dis quels types d'aliments tu as mangés.

J'observe

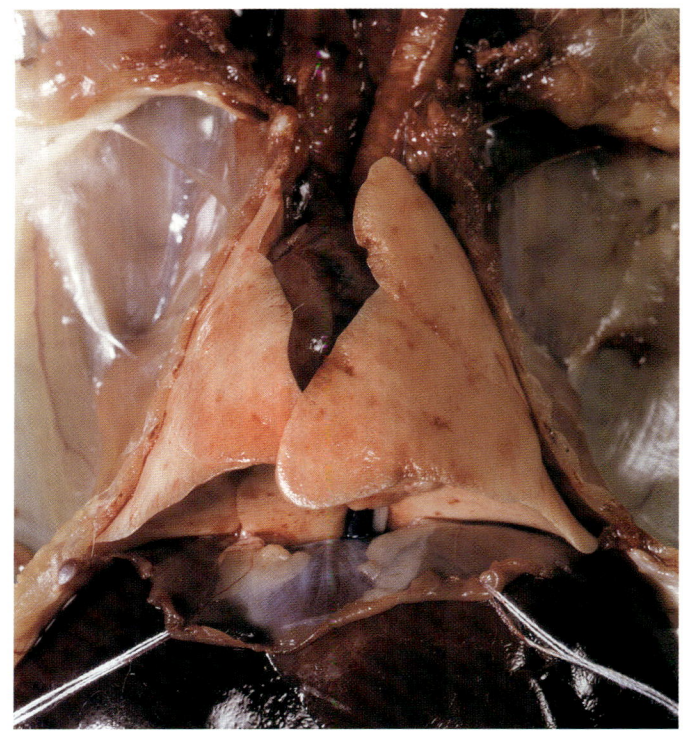

▲ **Doc. 1 :** Les poumons et l'appareil respiratoire d'un lapin.

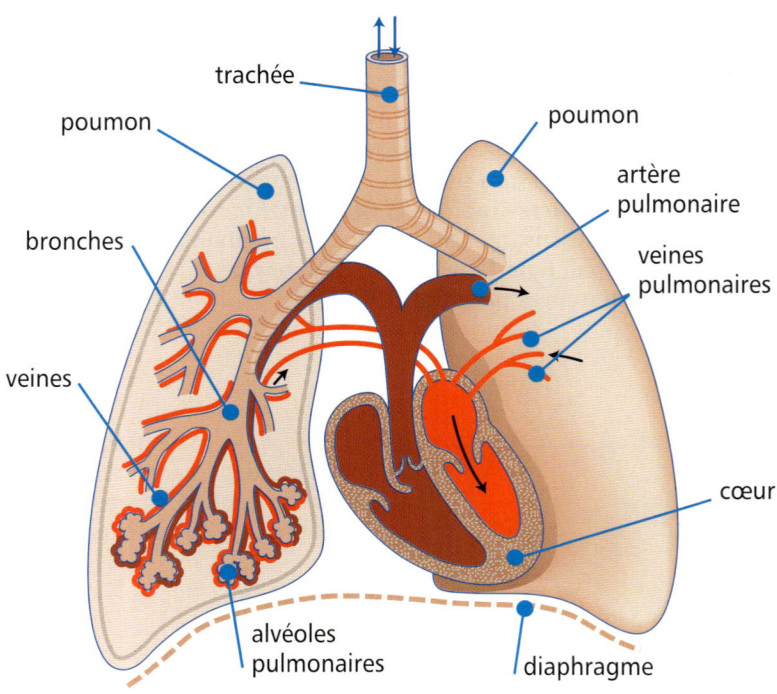

trachée

poumon

poumon

bronches

artère pulmonaire

veines pulmonaires

veines

cœur

alvéoles pulmonaires

diaphragme

▲ **Doc. 2 :** L'appareil respiratoire de l'homme.
(Le poumon à gauche et le cœur sont dessinés en coupe.)

[?] **Observe la photographie des poumons du lapin** (Doc. 1).

[?] **En t'aidant du** Doc. 2, **repère les organes qui jouent un rôle dans la respiration.**

[?] **Donne un nom aux organes visibles sur le** Doc. 1. **Repère les vaisseaux sanguins.**

Je lis

Fumer nuit à la santé

La fumée du tabac est aussi dangereuse pour les fumeurs que pour ceux qui les entourent. Elle irrite la paroi des bronches, et provoque une toux. Elle contient de la nicotine, substance qui agit sur le système nerveux. Elle contient du monoxyde de carbone, qui réduit la capacité de transport de l'oxygène par le sang. Elle renferme aussi des goudrons qui se fixent dans les poumons et provoquent des cancers.

[?] **Pourquoi le risque du cancer du poumon augmente-t-il avec le nombre de cigarettes fumées et le nombre d'années où l'on a fumé ?**

[?] **Pourquoi un non-fumeur qui vit avec des fumeurs peut-il aussi avoir des problèmes respiratoires ?**

Je comprends

▶ **Observe ces deux radiographies des poumons pour comprendre les mouvements respiratoires.**

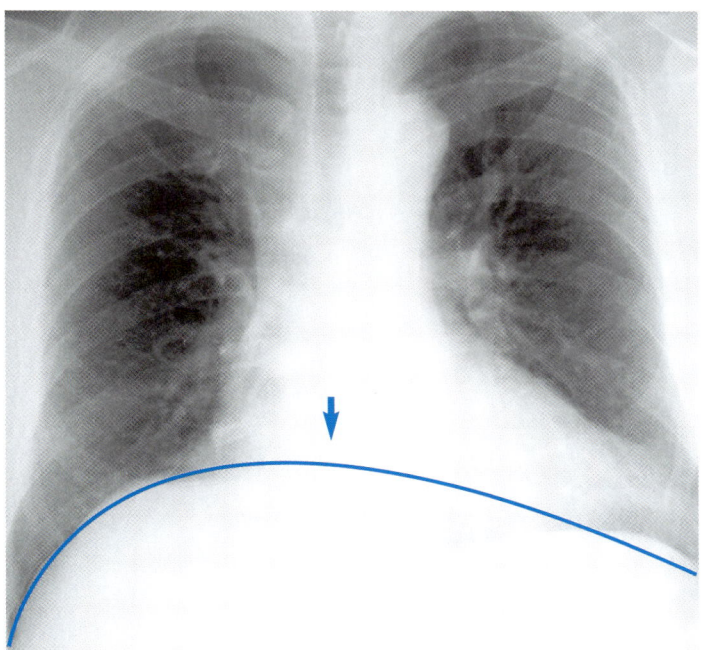

▲ **Doc. 3 :** Une radiographie des poumons en fin d'inspiration.

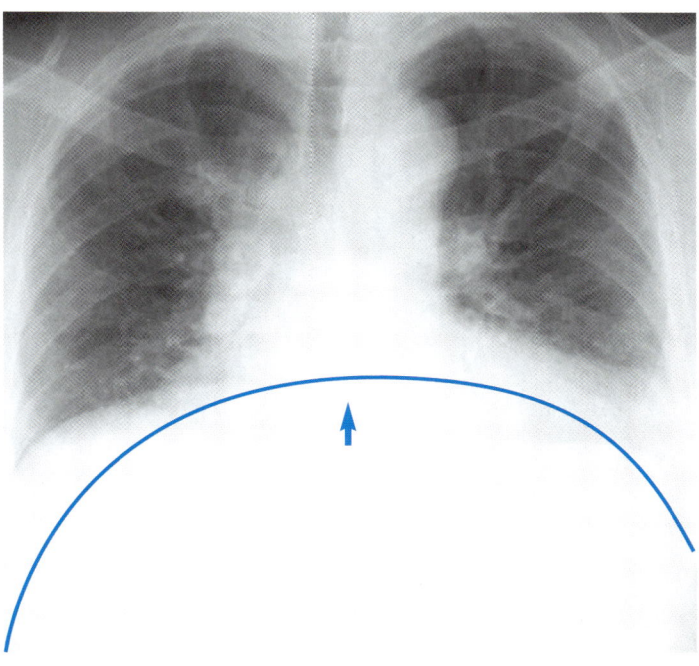

▲ **Doc. 4 :** Une radiographie des poumons en fin d'expiration.

Le diaphragme est un muscle. Il se contracte en se raccourcissant. Sa contraction provoque l'inspiration. Pendant l'inspiration, les poumons se gonflent : l'air entre dans les poumons. Pendant l'expiration, les poumons se vident : l'air sort des poumons.

L'homme respire de l'air par le nez et par la bouche. Il effectue **des mouvements respiratoires :
inspiration (l'air entre dans les poumons) et expiration (l'air sort des poumons).**
L'air pénètre dans **la trachée**, puis entre dans les poumons par des tubes de plus en plus fins :
les bronches. Les bronches se terminent par des petits sacs entourés de vaisseaux sanguins : **les alvéoles.**

Sur ton carnet de chercheur

• Comment l'air entre-t-il dans les poumons ? Construis une maquette pour le comprendre, en t'aidant des instructions.

▶ Étonnant !

Chaque jour, 12 000 litres d'air passent dans les poumons, au cours de 24 000 mouvements respiratoires. Il passe aussi environ 8 000 litres de sang dans les poumons.

Que se passe-t-il dans les poumons ?

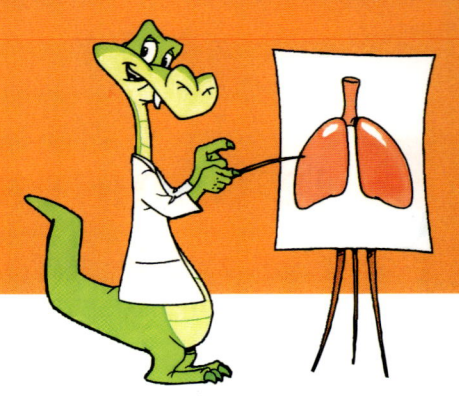

 ## J'observe

▶ **L'eau de chaux se trouble en présence de dioxyde de carbone.**

Expérience 1 : L'eau de chaux avant et après avoir injecté de l'air avec une pompe à vélo.

Expérience 2 : L'eau de chaux avant et après avoir soufflé de l'air expiré avec une paille.

? **Compare les** expériences 1 et 2. **Que peux-tu en conclure ?**

 ## Je lis

▶ **Ce tableau indique la composition de l'air qui entre dans les poumons et la composition de l'air qui en sort, pour 100 litres d'air.**

? **Compare la composition de l'air inspiré et de l'air expiré.**

? **Quel type d'air contient le plus de dioxygène ? Calcule la différence. Où est passé ce dioxygène ?**

? **Fais la même chose pour le dioxyde de carbone. D'où peut-il venir ?**

? **Pourquoi peut-on sauver quelqu'un en faisant du bouche-à-bouche ?**

	Air inspiré	Air expiré
Dioxygène*	21 litres	16 litres
Dioxyde de carbone*	très faible	4 à 5 litres
Azote	79 litres	79 litres

Je comprends

▶ **Voici le circuit de l'air, des poumons vers le sang et du sang vers les poumons.**

▼ Doc. 1 : Les échanges de gaz.

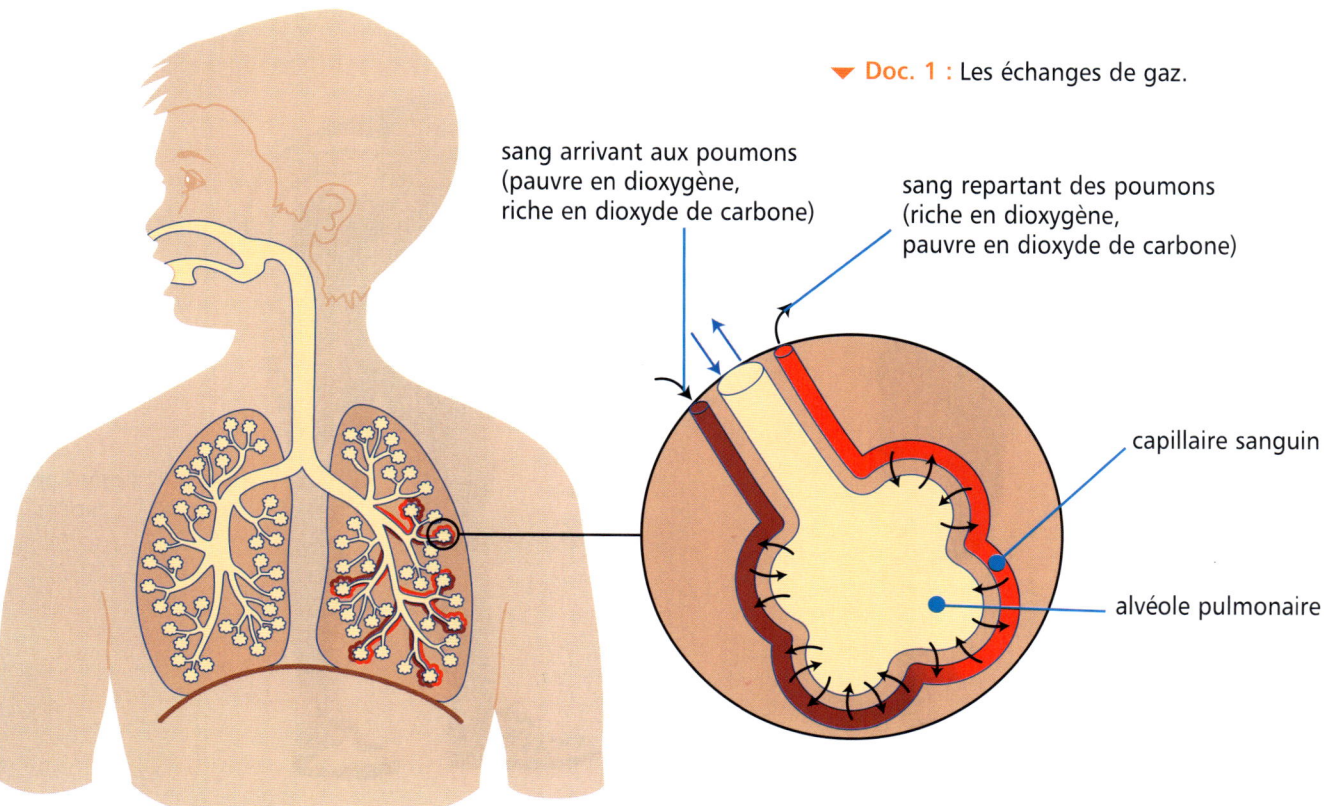

sang arrivant aux poumons
(pauvre en dioxygène,
riche en dioxyde de carbone)

sang repartant des poumons
(riche en dioxygène,
pauvre en dioxyde de carbone)

capillaire sanguin

alvéole pulmonaire

Du **dioxygène** passe dans les **vaisseaux sanguins** au niveau des alvéoles des poumons. **Le sang transporte le dioxygène vers tous les organes du corps qui l'utilisent pour produire de l'énergie. Le sang transporte aussi le dioxyde de carbone produit par les organes** et rejeté au niveau des alvéoles.

[?] **Décris les échanges de gaz (dioxygène et dioxyde de carbone) qui se passent dans les alvéoles des poumons.**

[?] **Où va une partie du dioxygène contenu dans l'air inspiré ?**

[?] **D'où vient le dioxyde de carbone que l'on expire ?**

Sur ton carnet de chercheur

• Avec le matériel dont tu disposes (seau, tuyau, verre, doseur…), mets en place un dispositif pour mesurer ta capacité respiratoire. Combien de litres d'air rejettes-tu à chaque expiration ?

▶ **Étonnant !**

Les poumons sont constitués de millions d'alvéoles. Si on étalait la surface des alvéoles d'un seul homme, elle recouvrirait la surface de 2 ou 3 classes (200 m²) !

✳ Vocabulaire

Dioxyde de carbone : gaz rejeté par les poumons, appelé autrefois « gaz carbonique ».

Dioxygène : gaz indispensable à la vie, appelé autrefois « oxygène ».

Que se passe-t-il quand je fais un effort ?

J'observe

▶ **Doc. 1 :** Un sportif pendant l'effort.

◀ **Doc. 2 :** Après l'effort, le sportif récupère.

[?] Que se passe-t-il quand on fait un effort ? et après l'effort ?
Pour répondre, observe les Doc. 1 et 2 et sois attentif aux réactions de ton corps au cours d'une séance de sport.

Je lis

Certains ne manquent pas d'air !

1 demi-litre d'air entre et sort des poumons d'un homme adulte à chaque respiration. Mais s'il respire à fond, par exemple après un effort, 3 litres et demi d'air s'échangent à chaque respiration.

[?] Observe le Doc. 3. Quelle quantité d'air sort de nos poumons lorsqu'on respire normalement ?

[?] Combien d'air entre dans les poumons lorsqu'on inspire à fond ?

[?] Combien d'air sort de nos poumons lorsqu'on expire à fond ? Reste-t-il alors de l'air dans nos poumons ?

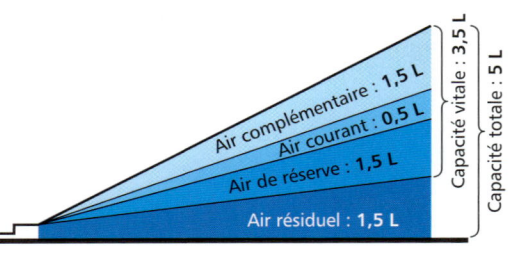

Air complémentaire : 1,5 L
Air courant : 0,5 L
Air de réserve : 1,5 L
Air résiduel : 1,5 L
Capacité vitale : 3,5 L
Capacité totale : 5 L

respiration normale : 0,5 litre
expiration forcée : + 1,5 litre
inspiration forcée : + 1,5 litre
capacité résiduelle : 1,5 litre

▲ **Doc. 3 :** La capacité pulmonaire d'un homme adulte.

Je comprends

▶ **Lis le compte rendu d'expérience de Carlos en classe de CM2.**

J'ai mesuré mon rythme respiratoire* en mettant ma main sous mon nez. J'ai compté à chaque expiration le nombre de fois où je sentais l'air sortir. J'ai aussi mesuré mon rythme cardiaque* en mettant mon index sur la carotide, une artère* située sur le côté de mon cou.

❶ J'ai d'abord fait les mesures en restant assis à ma table. Pour le rythme respiratoire, j'ai compté 20 expirations en une minute. Pour le rythme cardiaque, j'ai compté 100 battements en une minute.

❷ J'ai refait les mesures après un entraînement de sport. Je faisais 60 expirations par minute. J'étais essoufflé. Mon cœur battait à 140 battements par minute.

[?] Écris ces résultats sous forme d'un tableau avec une colonne pour le rythme respiratoire et une colonne pour le rythme cardiaque.

[?] Compare les résultats avant et après l'effort. Y a-t-il un lien entre le rythme respiratoire et le rythme cardiaque ?

Le rythme cardiaque et le rythme respiratoire s'adaptent aux besoins de l'organisme. Quand nous faisons un effort, notre rythme respiratoire augmente : davantage d'oxygène arrive chaque minute dans nos poumons.
Notre rythme cardiaque augmente aussi : il peut passer de 70 à environ 150 battements par minute pour un adulte. Ainsi, pendant l'effort, davantage de sang passe dans les poumons pour transporter l'oxygène vers les muscles de tout notre corps.

▶ **Étonnant !**

Chez un sportif de haut niveau, le rythme cardiaque au repos peut être très faible : 35 battements par minute. En plein effort, son rythme cardiaque peut atteindre 200 battements par minute, ce qui est au-dessus de la moyenne !

Sur ton carnet de chercheur

• Mesure ton rythme cardiaque en mettant ton index sur le côté de ton cou, sur la carotide (tu sens ton pouls). Note dans un tableau tes résultats au repos. Puis note tes résultats après 10 flexions.

* Vocabulaire

Artère : vaisseau sanguin qui transporte le sang du cœur vers les organes.

Rythme cardiaque : nombre de battements du cœur par minute.

Rythme respiratoire : nombre d'inspirations et d'expirations par minute.

J'observe

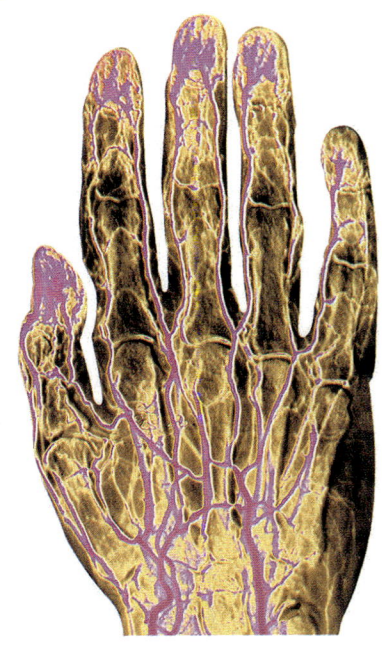

▲ **Doc. 1 :** L'artériographie est un type de radiographie qui permet de rendre visibles tous les vaisseaux sanguins.

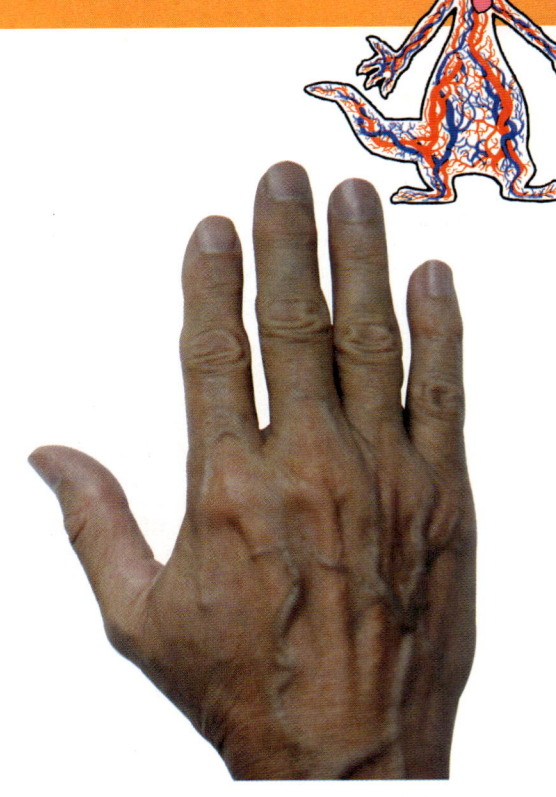

▲ **Doc. 2 :** Des vaisseaux sanguins de la main sont visibles en surface.

[?] **Compare les deux photographies. Tous les vaisseaux sanguins de la main sont-ils visibles sur le Doc. 2 ?**

[?] **Où sont les vaisseaux de la main invisibles sur le Doc. 2 ?**

 # Je lis

Le cœur pompe le sang grâce aux contractions d'un muscle : le myocarde. Pour effectuer ce travail, ce muscle reçoit du sang par de petites artères, les artères coronaires. Si une de ces artères se bouche, le sang n'arrive plus dans le myocarde, ce qui entraîne la mort d'une partie du cœur : c'est l'infarctus du myocarde, qui se manifeste par une douleur brusque et écrasante dans la poitrine.

Cette obstruction des artères du cœur est généralement provoquée par une accumulation de cholestérol* et d'autres substances dans les artères, ce qui empêche le sang de circuler normalement. Pour protéger son cœur, il faut faire du sport, ne pas fumer, ne pas manger trop de sucres ni de graisses qui produisent du cholestérol.

[?] **Que se passe-t-il si le sang ne circule plus ?**

[?] **Pourquoi ne faut-il pas manger des aliments trop gras ou trop sucrés ?**

[?] **Quelle hygiène de vie faut-il avoir au quotidien pour éviter l'infarctus du myocarde ?**

Je comprends

▶ **Le cœur est un muscle. Il fonctionne comme une pompe. En se contractant, il pousse le sang dans les artères. Le sang revient au cœur par des veines*.**

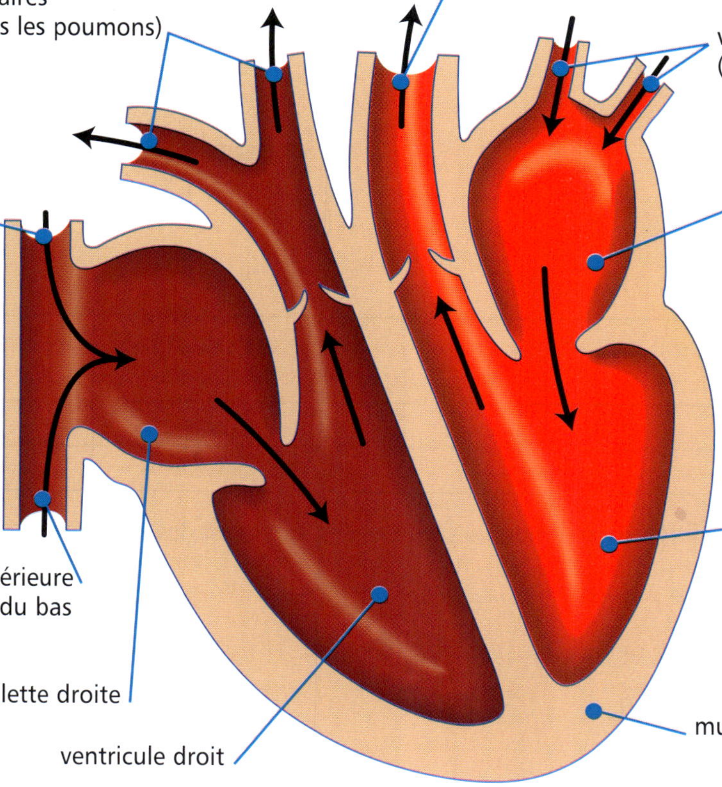

artères pulmonaires
(sang allant vers les poumons)

artère aorte (sang allant dans tout le corps)

veines pulmonaires
(sang venant des poumons)

veine cave
supérieure
(sang venant
du haut
du corps)

oreillette gauche

[?] **Suis les flèches pour comprendre le trajet du sang dans le cœur.**

ventricule gauche

veine cave inférieure
(sang venant du bas
du corps)

oreillette droite

muscle cardiaque

ventricule droit

◀ **Doc. 3 :** Le trajet du sang dans le cœur.

Le sang circule toujours dans le même sens dans **un circuit continu** : l'appareil circulatoire. **Il va du cœur aux organes par les artères, et il retourne des organes au cœur par les veines.** Le sang repart ensuite par les artères pulmonaires en direction des poumons ; puis il revient au cœur par les veines pulmonaires.

▶ Étonnant !

Le corps d'un adulte contient en moyenne 5 litres de sang, qui circulent dans 150 000 km de vaisseaux sanguins. La vitesse de circulation du sang est de 40 cm par seconde dans les gros vaisseaux (artères) et de 0,5 mm par seconde dans les plus petits vaisseaux : les capillaires*.

Sur ton carnet de chercheur

• Complète le schéma du cœur et fais des flèches pour indiquer le trajet du sang.

* Vocabulaire

Capillaire : vaisseau sanguin très fin qui irrigue les organes.

Cholestérol : graisse qui se trouve dans le sang et qui peut boucher les artères.

Veine : vaisseau sanguin qui ramène le sang des organes vers le cœur.

J'observe

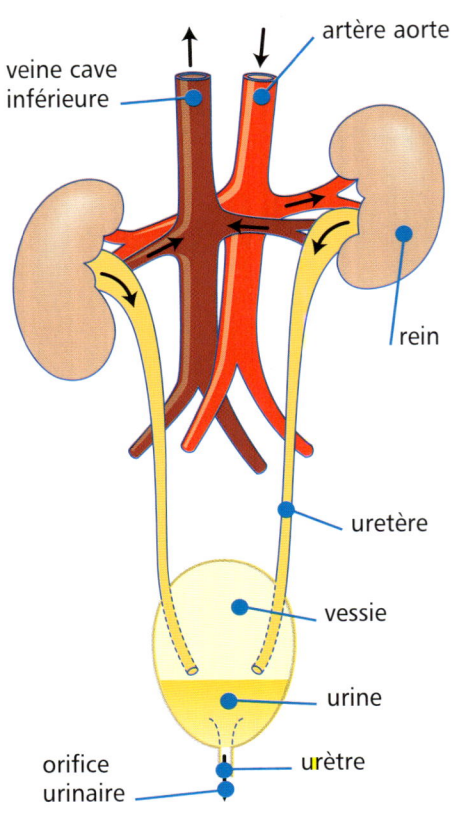

veine cave inférieure

artère aorte

rein

uretère

vessie

urine

orifice urinaire

urètre

▲ Doc. 1 : L'appareil excréteur*.

[?] **D'où vient le sang qui arrive dans les reins (Doc. 1) ?**

[?] **D'où vient l'urine ?**

Pour 100 litres de sang	Sang entrant dans les poumons	Sang sortant des poumons
Dioxygène	12 litres	20 litres
Dioxyde de carbone	48 litres	40 litres

▲ Doc. 2 : La composition du sang arrivant et sortant des poumons.

[?] **Analyse le tableau (Doc. 2). Quelles différences vois-tu entre le sang qui entre dans les poumons et celui qui en sort ?**

[?] **Qu'est-ce que le sang a rejeté dans les poumons ?**

 ## Je lis

Une promenade en plein air ou une séance de piscine donne faim. Un effort sportif nécessite de reprendre son souffle en respirant à fond. En effet, les muscles et les organes du corps ont besoin de nutriments et de dioxygène pour fonctionner. Pendant l'effort, les muscles consomment surtout un sucre, le glucose, et dix à trente fois plus de dioxygène qu'au repos.
En fonctionnant, les muscles utilisent le dioxygène et produisent davantage de dioxyde de carbone. Ils utilisent les nutriments (glucides, etc.) et produisent aussi des déchets qui peuvent s'accumuler et provoquer de la fatigue et des courbatures.

[?] **Qu'utilisent les muscles pendant l'effort ?**

[?] **Quels déchets produisent les organes et les muscles ?**

▶ **Étonnant !**

Nous avons tous deux reins, mais il est possible de vivre avec un seul rein.
Nous pouvons parfois donner un rein à une personne proche qui est malade.

* Vocabulaire

Appareil excréteur : ensemble des organes qui interviennent dans le rejet des déchets de l'organisme.

Je comprends

▶ **C'est par le sang que se font tous les échanges dans le corps. Les déchets y circulent avant d'être rejetés.**

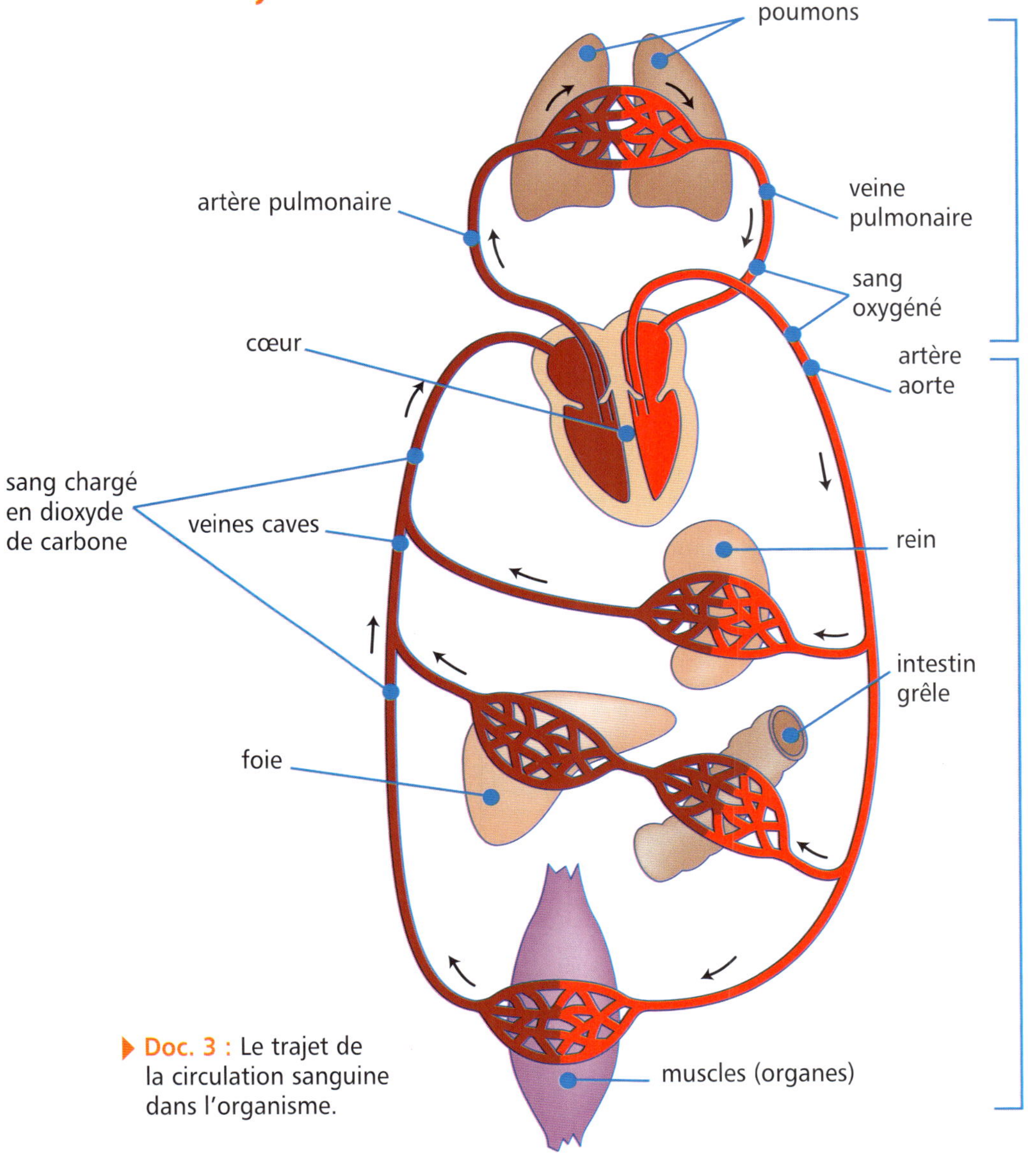

poumons

CIRCULATION PULMONAIRE

artère pulmonaire

veine pulmonaire

sang oxygéné

cœur

artère aorte

sang chargé en dioxyde de carbone

veines caves

rein

CIRCULATION GÉNÉRALE

intestin grêle

foie

▶ **Doc. 3 :** Le trajet de la circulation sanguine dans l'organisme.

muscles (organes)

[?] **Décris le trajet de la circulation sanguine (Doc. 3).**

[?] **Explique son rôle dans le « nettoyage » de l'organisme.**

Sur ton carnet de chercheur

• Complète un schéma avec des flèches pour décrire le trajet des déchets et du dioxyde de carbone, des muscles jusqu'à l'extérieur du corps.

Le cœur est une pompe qui pousse le sang dans les vaisseaux sanguins. **Les artères transportent le dioxygène et les nutriments vers tous les organes du corps** qui en ont besoin pour fonctionner. **Les organes produisent du dioxyde de carbone et d'autres déchets**, qui sont transportés par le sang jusqu'aux poumons et aux reins, et évacués à l'extérieur de l'organisme. C'est lors du passage du sang dans les poumons que le dioxyde de carbone est rejeté. Les reins filtrent le sang et rejettent les autres déchets dans l'urine.

Zoom sur... L'INTÉRIEUR

L'organisme est complexe : les appareils respiratoire, circulatoire, digestif et excréteur sont indissociables les uns des autres pour un bon fonctionnement de nos organes.

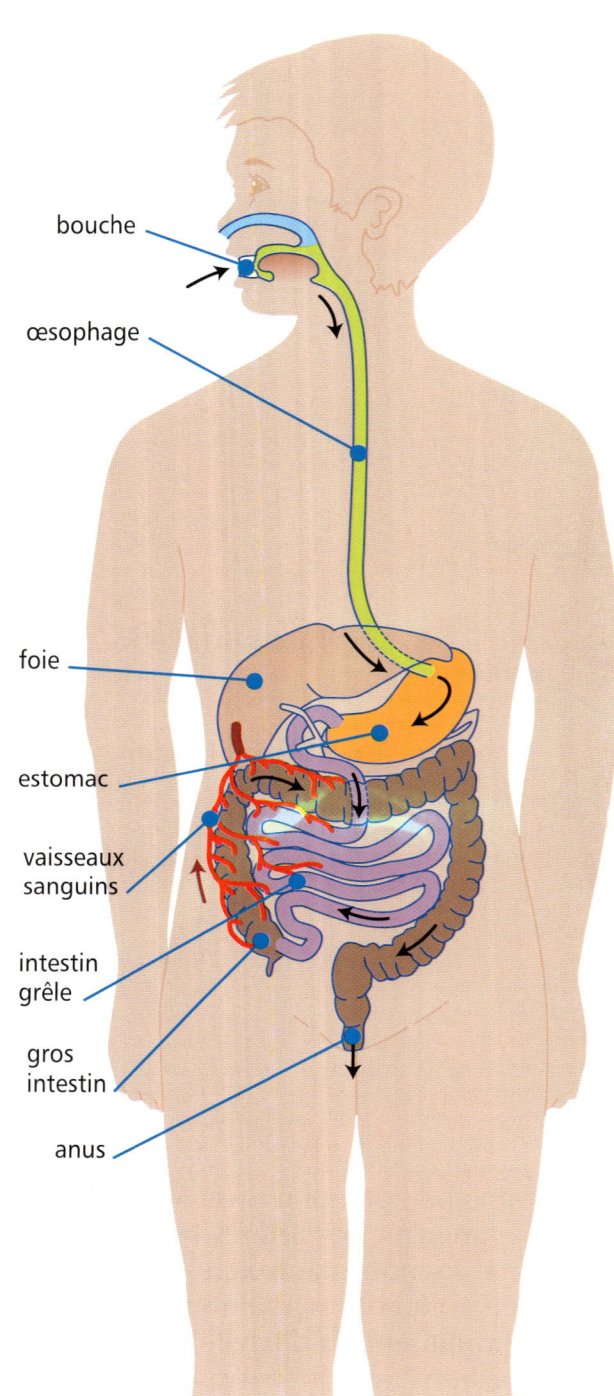

bouche

œsophage

foie

estomac

vaisseaux sanguins

intestin grêle

gros intestin

anus

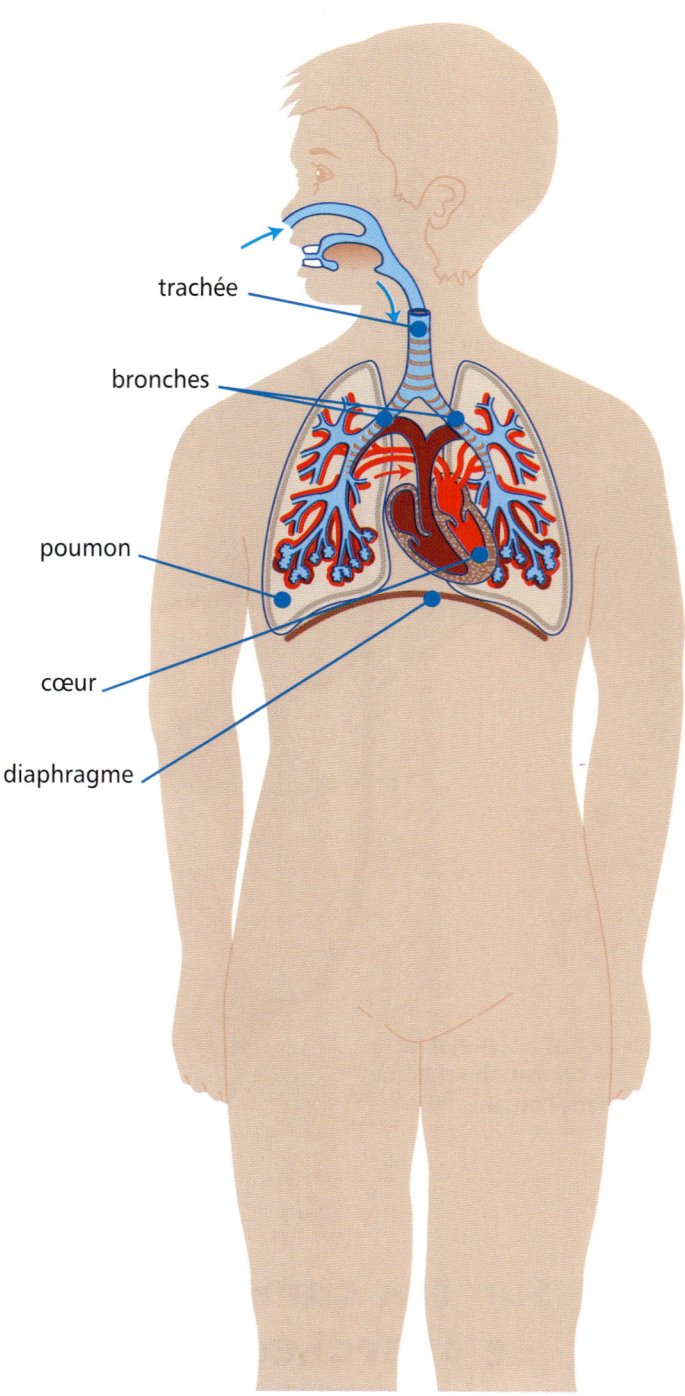

trachée

bronches

poumon

cœur

diaphragme

▲ **Doc. 1 :** Les nutriments passent de l'appareil digestif dans l'organisme par le sang.

▲ **Doc. 2 :** Le dioxygène passe de l'appareil respiratoire dans l'organisme par le sang.

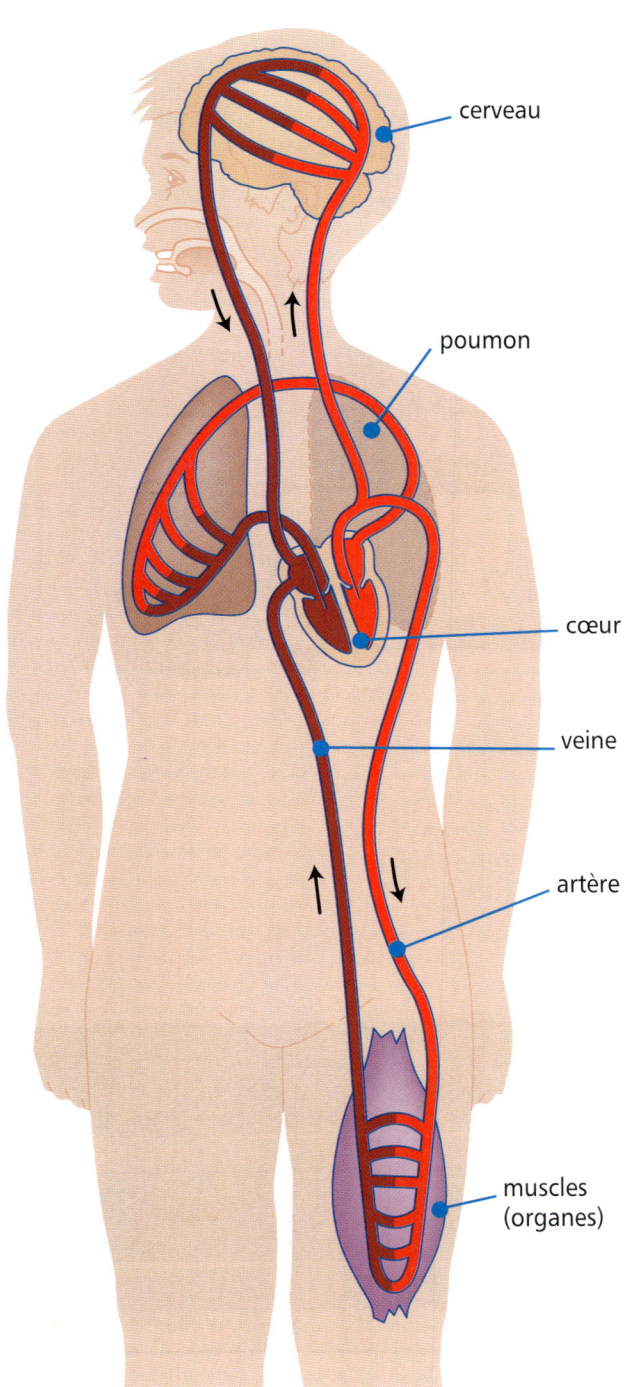

cerveau

poumon

cœur

veine

artère

muscles
(organes)

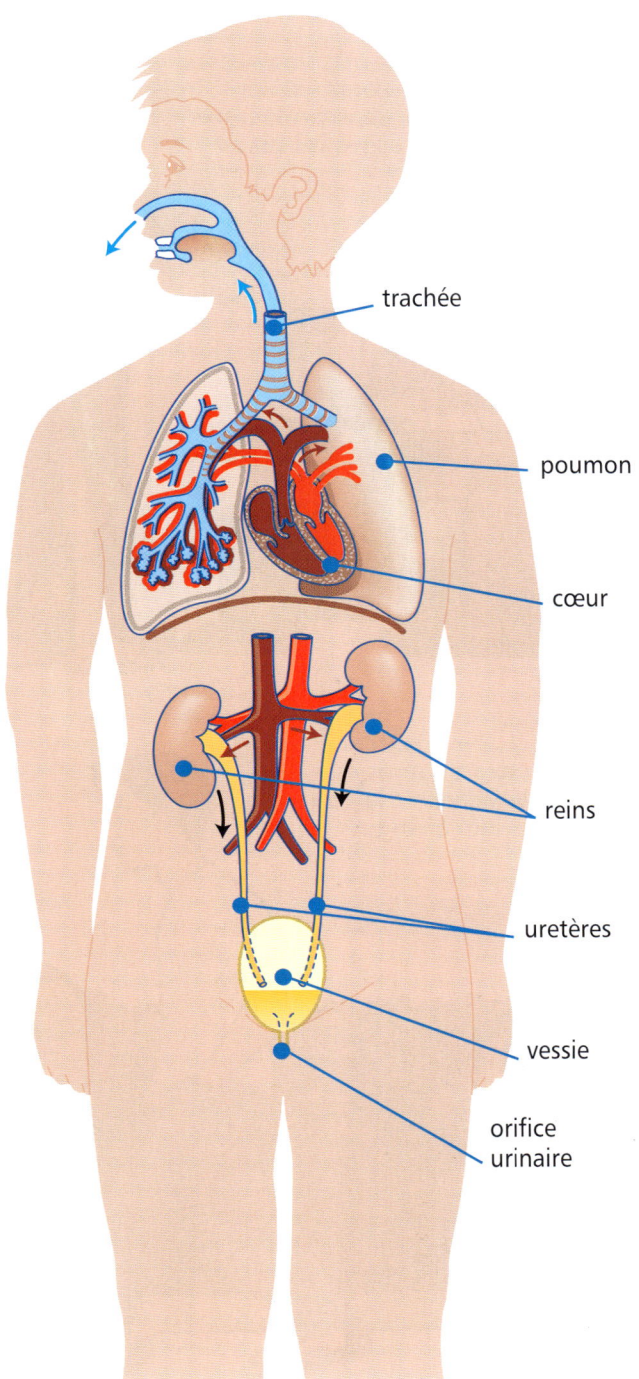

trachée

poumon

cœur

reins

uretères

vessie

orifice
urinaire

▲ **Doc. 3 :** Le fonctionnement des organes et des muscles produit du dioxyde de carbone et d'autres déchets. Des artères transportent le sang riche en oxygène et en nutriments pour alimenter les organes et les muscles.

▲ **Doc. 4 :** Le sang collecte le dioxyde de carbone et les autres déchets pour les évacuer. Les poumons rejettent le dioxyde de carbone. Les autres déchets sont rejetés par l'appareil excréteur (reins, vessie).

J'observe et je lis

▶ **Observe ces scènes et lis les dialogues.**

[?] **Décris les différences physiques entre les filles et les garçons.**

[?] **D'après toi, pourquoi le corps des garçons et des filles ne subit-il pas les mêmes changements ?**

[?] **Comment s'appelle cette période de la vie pendant laquelle le corps change ?**

Je comprends

▶ **À la puberté*, les organes de reproduction arrivent à maturité : les filles et les garçons sont capables de procréer.**

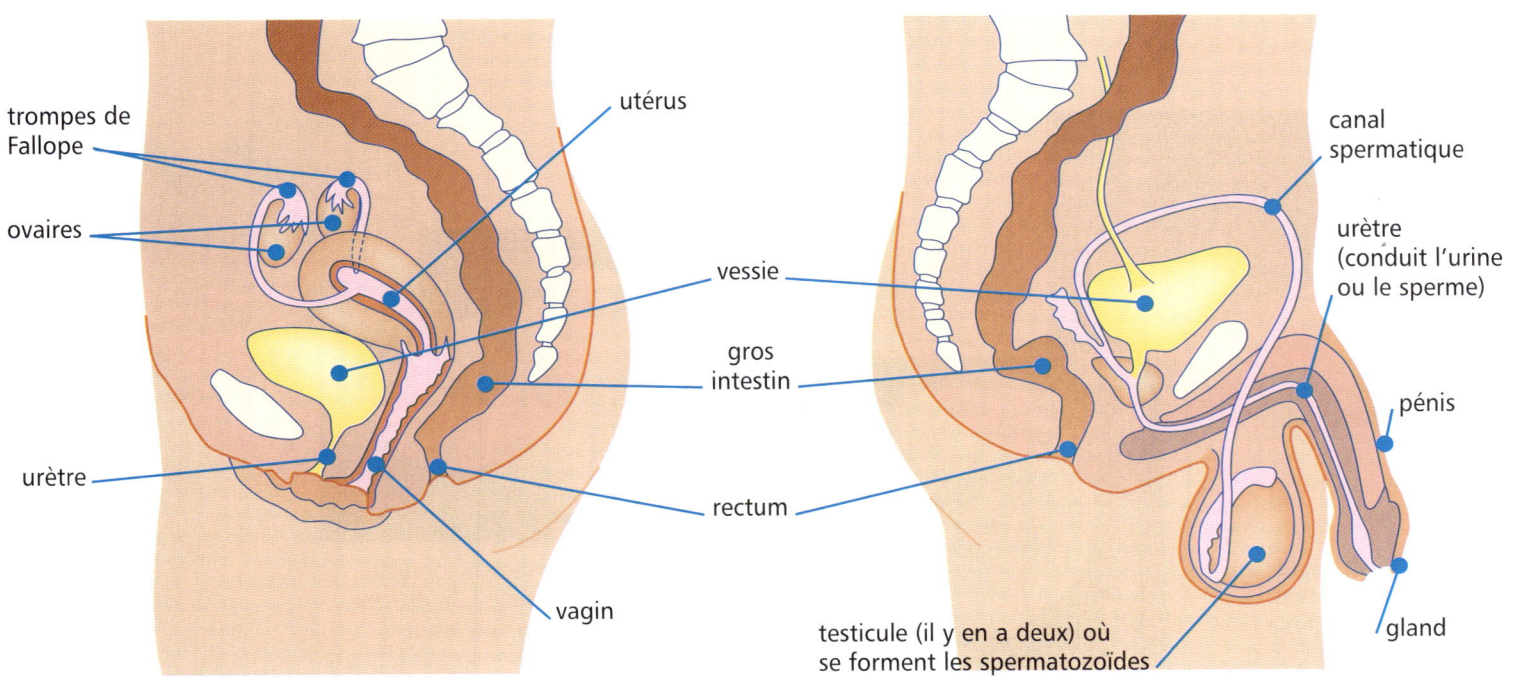

trompes de Fallope

ovaires

urètre

utérus

vessie

gros intestin

rectum

vagin

canal spermatique

urètre (conduit l'urine ou le sperme)

pénis

gland

testicule (il y en a deux) où se forment les spermatozoïdes

▲ **Doc. 1** : L'appareil génital* féminin.
Un écoulement de sang par le vagin se produit chaque mois chez la femme à partir de la puberté : ce sont les règles ou menstruations. La jeune fille a ses premières règles entre 11 et 17 ans. Elle est alors capable de procréer.

▲ **Doc. 2** : L'appareil génital masculin.
L'éjaculation est un phénomène réflexe : le pénis, en érection, expulse le sperme contenant les spermatozoïdes par l'urètre.

▶ Étonnant !

Le terme « puberté » tire sa racine du mot latin *pubere* qui signifie « se couvrir de poils ».

L'adolescence commence avec la puberté et l'apparition des caractères sexuels secondaires : poils, croissance des testicules et du pénis, mue de la voix chez les garçons ; seins, poils chez les filles. Les premières **règles** pour les filles et les **éjaculations de sperme** contenant les spermatozoïdes pour les garçons sont les **signes du fonctionnement des appareils génitaux.**

 ## Sur ton carnet de chercheur

• Coche dans la liste les propositions qui te semblent justes pour définir la puberté.

* Vocabulaire

Appareil génital : ensemble des organes qui interviennent dans la reproduction.

Puberté : période de la vie au cours de laquelle les caractères sexuels secondaires apparaissent. Elle se caractérise par un changement dans le rythme de croissance.

Que se passe-t-il avant la naissance ?

 ## J'observe

◀ **Doc. 1 :** L'ovule est fécondé par un spermatozoïde : il donne un œuf.

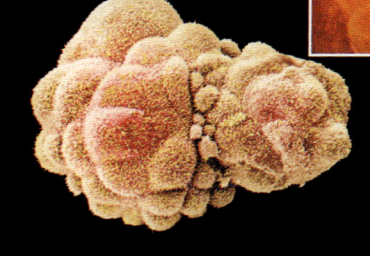

▲ **Doc. 4 :** À 7 semaines, l'embryon mesure 2 cm.

▶ **Doc. 2 :** Après la fécondation, l'œuf se divise en plusieurs cellules qui forment l'embryon. Il mesure 0,10 mm.

▲ **Doc. 3 :** Après 6 jours de développement, la division des cellules continue. L'embryon se fixe sur la paroi de l'utérus.

 ## Je lis

Un homme et une femme pour faire un enfant

Tout a commencé il y a environ neuf mois. Un homme et une femme ont fait l'amour. C'est une drôle d'expression pour dire qu'ils ont eu une rencontre où leurs sexes se sont trouvés. [...] Ils ont eu envie de se rapprocher [...], peut-être se sont-ils dit des mots d'amour. [...] Un enfant a profité de cette rencontre pour entrer dans la vie. [...] À un moment précis du mois, les ovaires de la femme produisent un ovule qui reste pendant quelque temps (environ trois jours) en haut de la trompe de Fallope, où il attend le spermatozoïde. C'est pendant ces quelques jours seulement que l'homme et la femme qui font l'amour peuvent concevoir un enfant. [...] Sur les millions de spermatozoïdes, un seul peut pénétrer dans l'ovule : ensemble ils vont créer une nouvelle cellule, un œuf.

Dr Catherine Dolto-Tolitch, *Neuf Mois pour naître, Les Aventures du bébé dans le ventre de sa maman*, Éditions Gallimard Jeunesse / Giboulées, © éditions Gallimard, 1998.

[?] **« Faire l'amour » : que signifie cette expression ?**   [?] **Quel temps s'écoule entre la fécondation et la naissance ?**

[?] **À quelles conditions la fécondation peut-elle avoir lieu ?**

Je comprends

▶ **Ce schéma permet de comprendre comment le fœtus se nourrit dans le ventre de sa maman.**

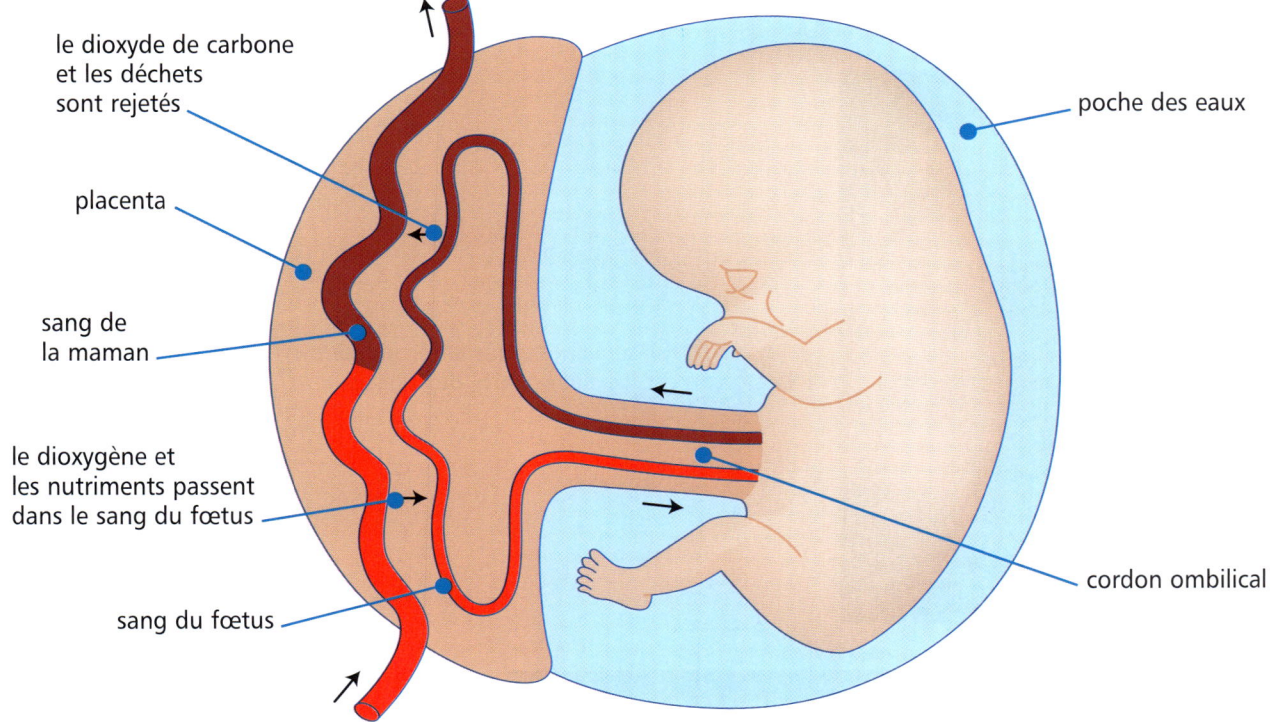

le dioxyde de carbone et les déchets sont rejetés

placenta

sang de la maman

le dioxygène et les nutriments passent dans le sang du fœtus

sang du fœtus

poche des eaux

cordon ombilical

[?] **Explique de quelle manière se font les échanges nutritifs et respiratoires entre le fœtus et sa maman.**

▶ **Étonnant !**

Un bébé-éprouvette est issu d'une fécondation « in vitro ». La fécondation de l'ovule par le spermatozoïde se fait dans une éprouvette, en dehors du corps de la femme. L'embryon est ensuite placé dans l'utérus de la mère. La grossesse* se poursuit ensuite normalement.

Chaque être humain provient de la rencontre de deux cellules : un ovule de sa mère et un spermatozoïde de son père. **C'est lors d'un rapport sexuel entre un homme et une femme que se fait la fécondation.** L'œuf se divise en plusieurs cellules qui forment l'embryon. L'embryon grandit dans l'utérus de la maman. **Il est relié à sa mère par le placenta qui lui apporte nourriture et oxygène. L'embryon devient fœtus à partir du troisième mois,** quand tous ses organes sont formés.

 ## Sur ton carnet de chercheur

• Remets dans l'ordre chronologique (de la fécondation à l'embryon) les schémas proposés, puis écris les légendes.

✳ **Vocabulaire**

Grossesse : période de neuf mois pendant laquelle une femme attend un bébé, où elle est enceinte.

Zoom sur... DE L'EMBRYON

Après la fécondation, l'embryon se développe dans l'utérus de sa maman,
dans une poche remplie de liquide reliée au placenta par le cordon ombilical.
Il devient fœtus au cours du troisième mois, lorsque tous ses organes sont développés.

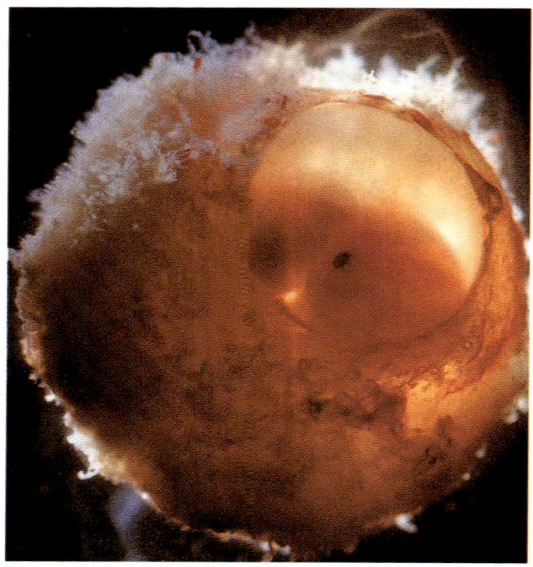

◄ **Doc. 1 :** Deux semaines après la fécondation, l'embryon est fixé sur la paroi de l'utérus.

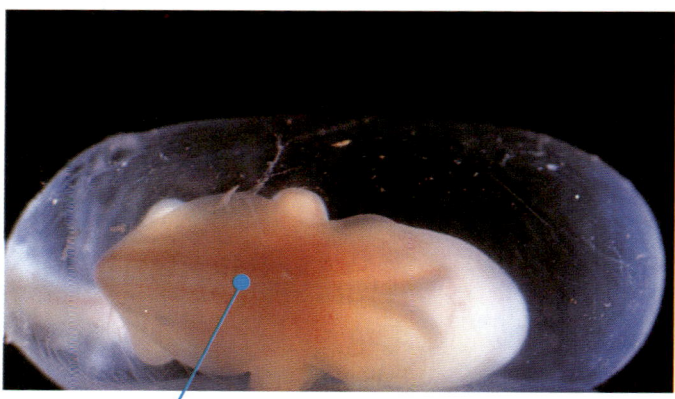

colonne vertébrale

◄ **Doc. 2 :** Trois semaines après la fécondation, l'embryon continue à se développer. La colonne vertébrale apparaît.

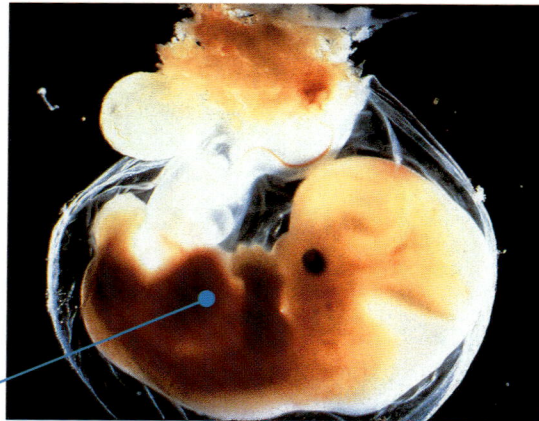

▶ **Doc. 3 :** Quatre semaines après la fécondation, le cœur commence à battre.

cœur

AU FŒTUS

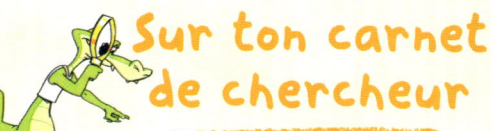

Sur ton carnet de chercheur

• Observe le schéma d'un fœtus de 5 mois. Complète les légendes manquantes.

▼ **Doc. 4 :** Au cours du 3ᵉ mois, l'embryon devient un fœtus : tous ses organes sont formés. Les pieds et les mains sont formés. Il fait ses premiers mouvements. Le fœtus pèse 50 g et mesure environ 10 cm.

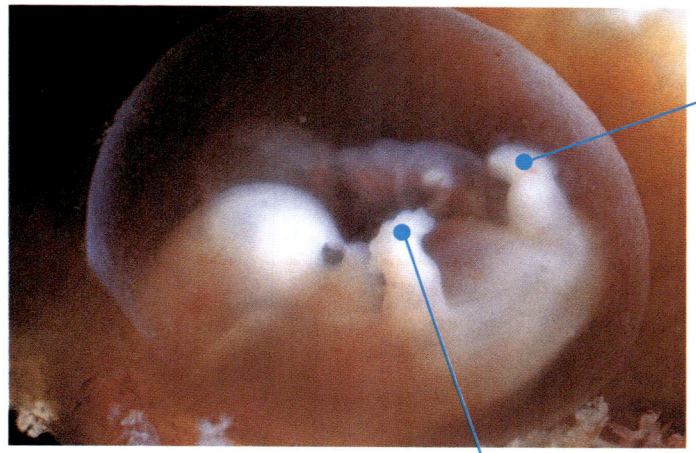

pied

main

▶ **Étonnant !**

Le fœtus commence à sucer son pouce dès le 5ᵉ mois de la grossesse !

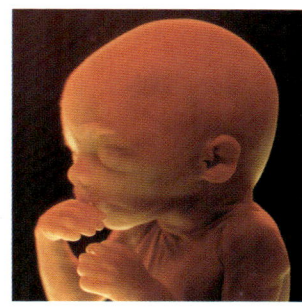

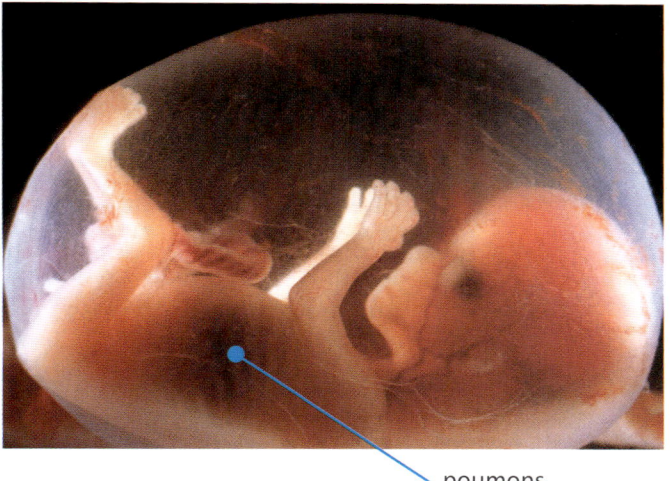

◀ **Doc. 5 :** Du 4ᵉ au 5ᵉ mois. Le fœtus commence à percevoir les sons. Ses poumons sont développés. Ses mouvements respiratoires sont visibles à l'échographie*. Cet examen permet de déterminer le sexe du fœtus. Il pèse 500 g et mesure environ 25 cm.

poumons

* Vocabulaire

Échographie : examen médical qui permet de voir l'intérieur du corps sur un écran. L'échographie est utilisée au cours de la grossesse pour voir le fœtus dans le ventre de sa mère et pour vérifier que le fœtus se développe normalement.

[?] **Décris les étapes de développement de l'embryon au fœtus.**

[?] **À quel moment de la grossesse l'embryon devient-il un fœtus ?**

[?] **Combien de mois dure une grossesse ?**

J'observe

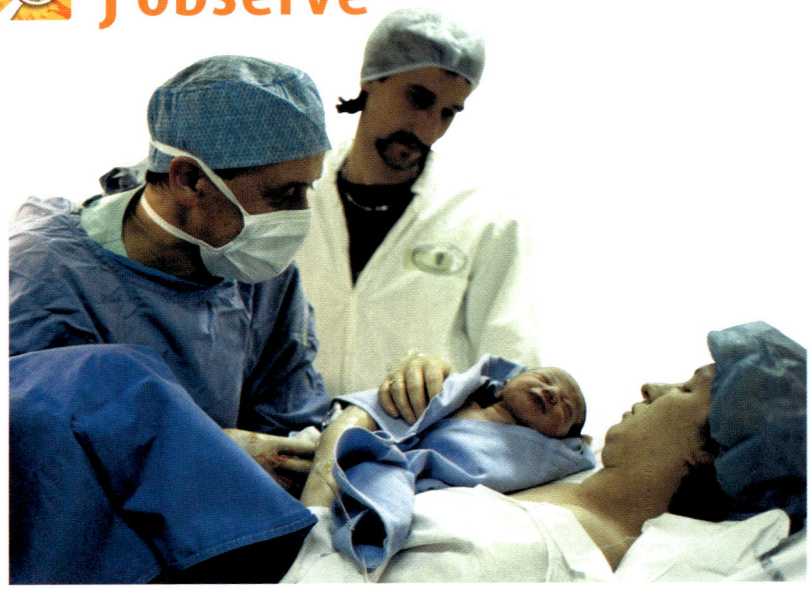

? À quel moment cette photo a-t-elle été prise ?

? Nomme les différents personnages autour de la maman et du nouveau-né.

? À ton avis, pourquoi sont-ils là ? Quel est le rôle de chacun ?

◀ **Doc. 1 :** Le bébé vient de naître à la maternité.

Je lis

? Observe la sculpture de Gustav Thomsen et compare-la aux dessins de la page suivante.

? Le sculpteur a-t-il eu raison de la nommer « Enfant à naître » ? Explique pourquoi.

▶ **Doc. 2 :** Sculpture de Gustav Thomsen, *Enfant à naître*, réalisée entre 1925 et 1933.

▶ **Étonnant !**

Le village breton de Pleucadeuc (Morbihan) a la particularité de compter une trentaine de paires de jumeaux* pour 1 525 habitants. Chaque année, le village organise la manifestation des « Deux et plus » qui rassemble des milliers de jumeaux, triplés* et quadruplés* venus du monde entier.

Je comprends

Les phases de l'accouchement*.

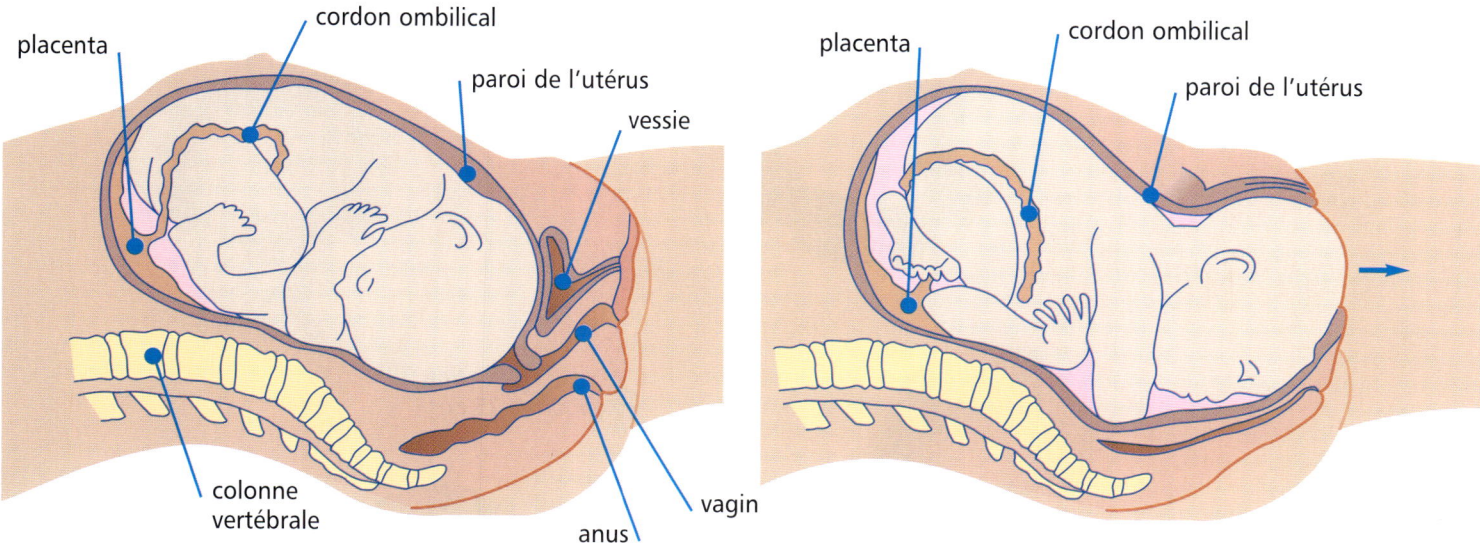

placenta
cordon ombilical
paroi de l'utérus
vessie
colonne vertébrale
anus
vagin

placenta
cordon ombilical
paroi de l'utérus

▲ **Doc. 3** : L'accouchement va commencer : le bébé est prêt à sortir.

▲ **Doc. 4** : L'accouchement commence : c'est le début de l'expulsion.

? **Décris les étapes de l'accouchement.**

Neuf mois après la fécondation, le bébé est à terme. La maman ressent des contractions* de l'utérus : l'accouchement va commencer.
Lors de la naissance, **le bébé sort de l'utérus par le vagin**, en général la tête la première.
Dans les secondes qui suivent, il pousse son premier cri. **Le cordon ombilical est coupé : le bébé est autonome pour respirer et se nourrir.** La cicatrice du cordon ombilical laisse une trace : le nombril ou ombilic.

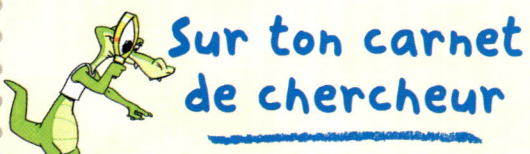 ## Sur ton carnet de chercheur

• Enquête auprès de tes parents pour compléter ta fiche de naissance : nom de la maternité, jour et heure de naissance, poids et taille à la naissance, date de sortie de la maternité…

* Vocabulaire

Accouchement : fait de mettre au monde un enfant.
Contraction : l'utérus est un muscle qui se contracte à intervalles réguliers quand la naissance approche.
Jumeaux, triplés, quadruplés : deux, trois, quatre enfants nés lors du même accouchement.

J'observe

▶ **Doc. 1 :** Katherine Hepburn à 4 ans.

▶ **Doc. 2 :** Katherine Hepburn à 25 ans.

▶ **Doc. 3 :** Katherine Hepburn à 50 ans.

▶ **Doc. 4 :** Katherine Hepburn à 78 ans.

[?] Observe les photos (Doc. 1 à 4).

[?] Quelles étapes de la vie de l'actrice américaine Katherine Hepburn nous montrent ces photos ?

[?] Décris les caractères physiques qui évoluent de photo en photo.

Je lis

[?] Pourquoi l'artiste a-t-il intitulé son tableau « Les Trois Âges » ?

[?] Décris chaque personnage.

[?] De quelle manière le peintre a-t-il représenté les différences entre ces trois générations* ?

▶ **Doc. 5 :** *Les Trois Âges*, tableau de Jules Scalbert (1851-1928).

Je comprends

▶ **Voici deux graphiques qui représentent l'évolution de la taille et du poids d'une fille de sa naissance à 18 ans.**

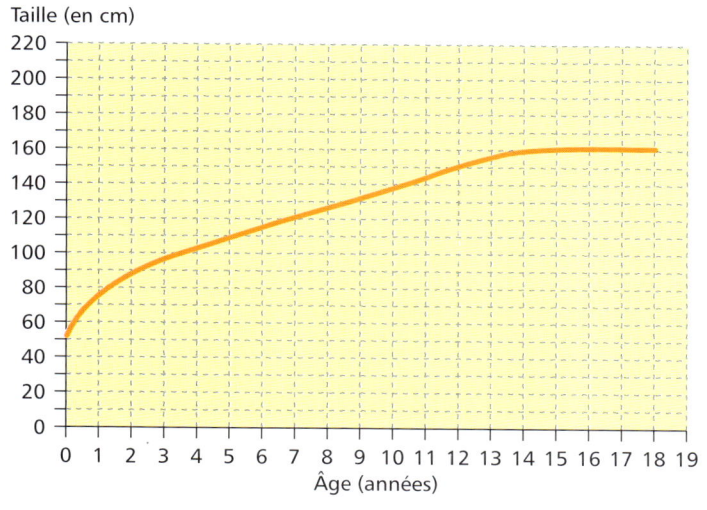

Taille (en cm)

▲ **Doc. 6** : Évolution de la taille de la naissance à 18 ans.

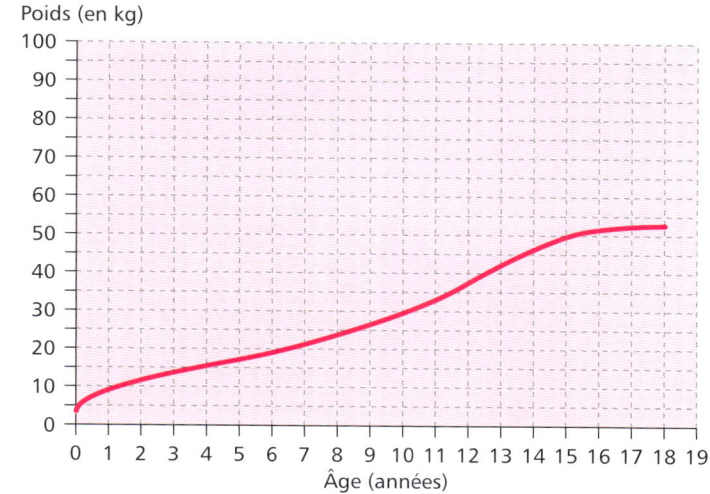

Poids (en kg)

▲ **Doc. 7** : Évolution du poids de la naissance à 18 ans.

[?] Que remarques-tu sur les deux graphiques (Doc. 6 et 7) de la naissance à 2 ans ? entre 2 et 13 ans ? après 15 ans ?

[?] D'après toi, la taille et le poids sont-ils liés ?

Comme tous les êtres vivants, l'être humain change au cours de sa vie. Il traverse **plusieurs étapes qui se succèdent de sa naissance jusqu'à sa mort. L'enfance** est une période de croissance rapide. À **l'adolescence**, la puberté est une étape importante de transformation du corps.
La croissance s'arrête vers 18-20 ans, à **l'âge adulte**. Après 60 ans, les os, les muscles et les organes s'affaiblissent de plus en plus : c'est **la vieillesse**.
La mort est alors l'aboutissement naturel de la vie.

▶ **Étonnant !**

Les Japonaises sont les femmes qui ont l'espérance de vie* la plus longue dans le monde : 85,3 ans en moyenne (83 ans pour une Française). Dans les pays en voie de développement, l'espérance de vie dépasse rarement 50 ans.

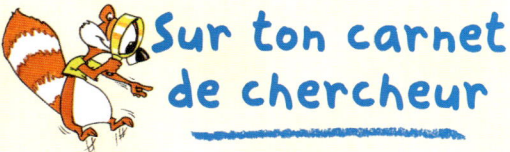 **Sur ton carnet de chercheur**

• À l'aide des nombres donnés, trace la courbe de taille et la courbe de poids d'un enfant de 0 à 12 ans.

* Vocabulaire

Espérance de vie : nombre moyen d'années que peut vivre un individu.

Génération : degré de filiation de père à fils et de mère à fille. Il y a deux générations de grand-père à petit-fils.

34 Que faire en cas d'accident ?

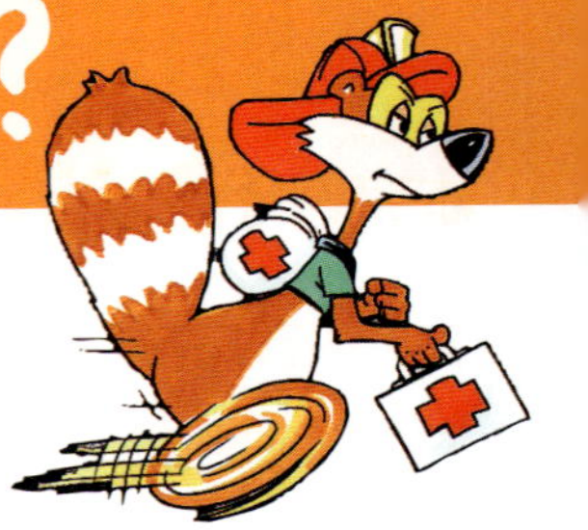

J'observe

La cuisine : la pièce de tous les dangers

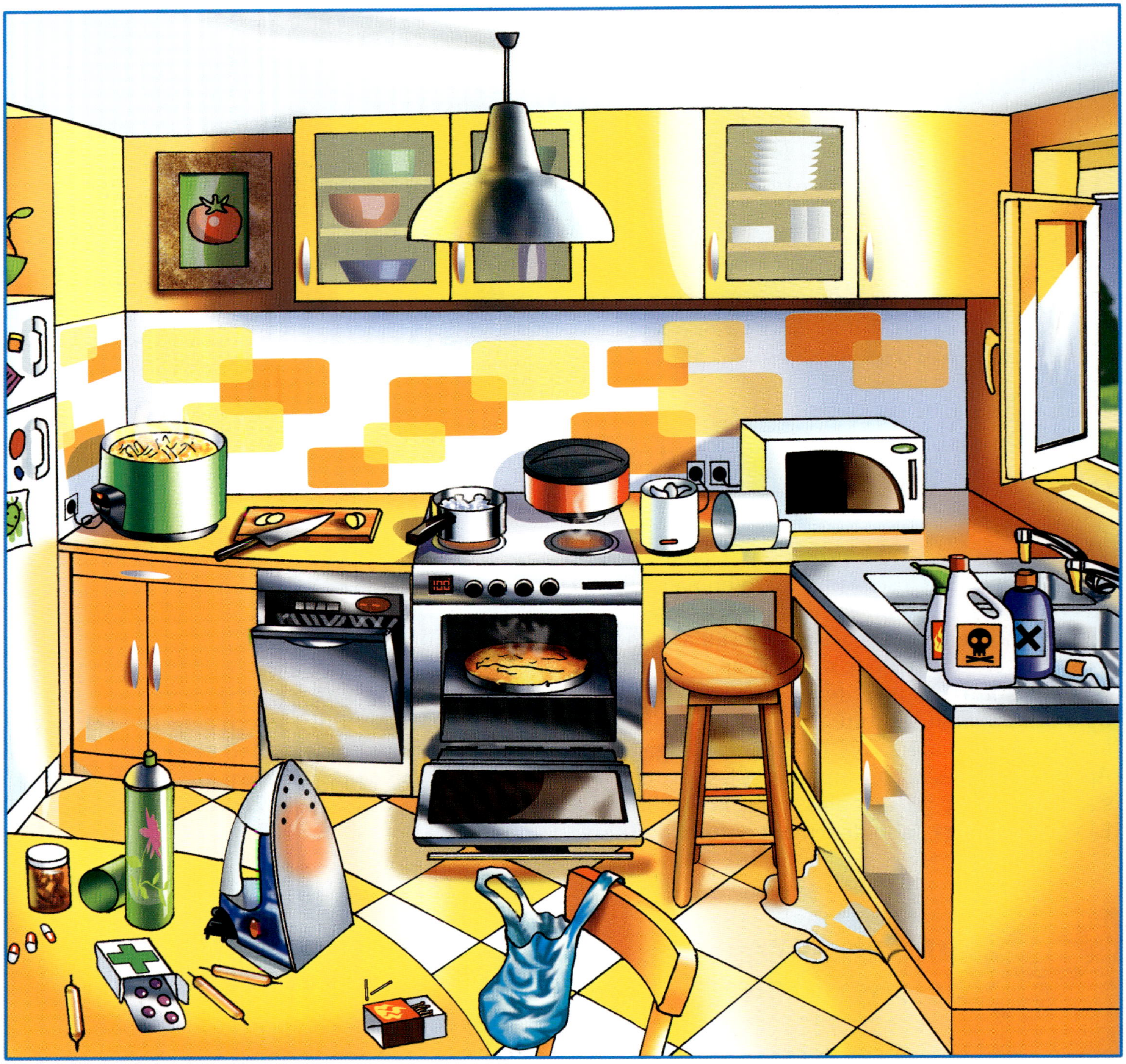

? Fais la liste de tous les dangers qui peuvent guetter un enfant dans cette cuisine. Dans chaque cas, propose une solution pour éviter que l'accident ne se produise.

Je lis et je comprends

Ce diagramme présente la répartition des interventions des sapeurs-pompiers en France.

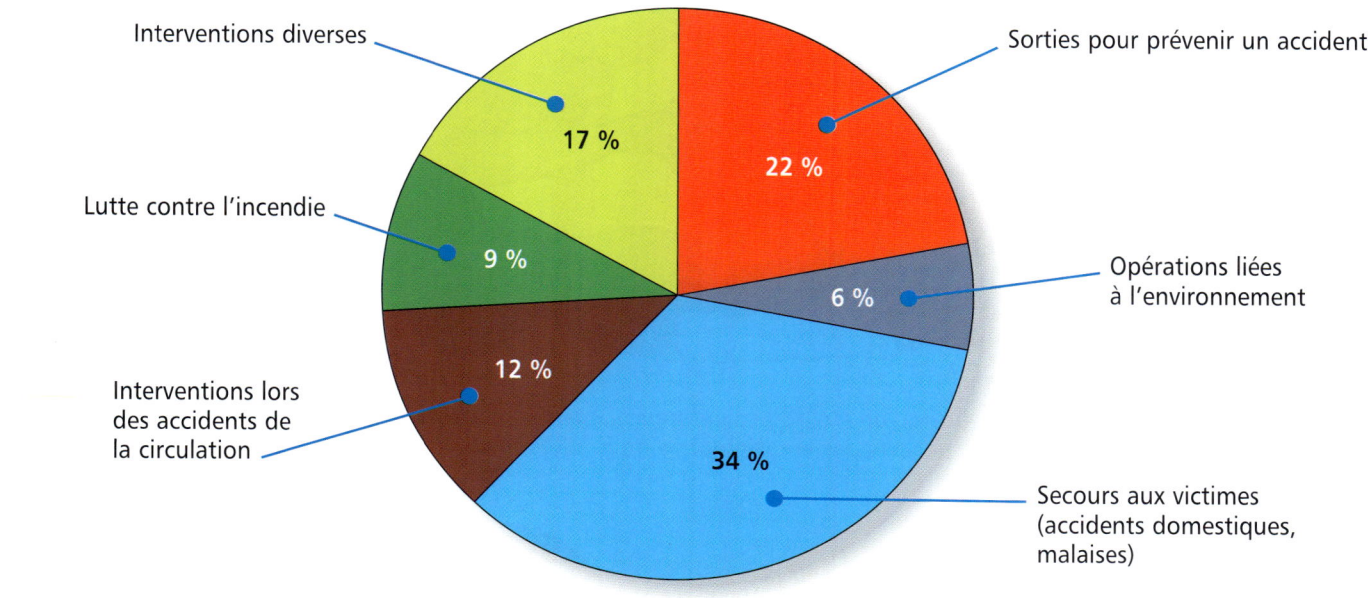

Interventions diverses — 17 %

Sorties pour prévenir un accident — 22 %

Lutte contre l'incendie — 9 %

Opérations liées à l'environnement — 6 %

Interventions lors des accidents de la circulation — 12 %

Secours aux victimes (accidents domestiques, malaises) — 34 %

Source : www.ruedesecoles.com

▲ Doc. 1 : Les interventions des sapeurs-pompiers en France.

[?] **Décris les différentes interventions des sapeurs-pompiers.**

[?] **Pour quels types d'interventions se déplacent-ils le plus ?**

La maison est l'endroit où les Français ont le plus d'accidents. Il y a des **mesures à prendre dans notre vie quotidienne pour limiter au maximum le risque d'accidents**. Quelques gestes simples :
– bien ranger les produits d'entretien et les médicaments, pour éviter des empoisonnements ;
– ne pas laisser des objets tranchants à portée de la main…
Si un accident survient, il faut avoir le réflexe d'**appeler les secours**, pour que le blessé soit rapidement pris en charge.

15 SAMU **17 Police et gendarmerie** **18 Sapeurs-pompiers**

 ## Sur ton carnet de chercheur

• Recherche dans la presse régionale des faits divers qui ont nécessité l'intervention des pompiers ou du SAMU. Quelle prévention aurait permis d'éviter l'accident ?

▶ **Étonnant !**

Lors de leurs interventions, les pompiers portent un casque, une veste et des bottes en cuir qui résistent au feu, des gants, un masque à oxygène pour se protéger des fumées toxiques… Un équipement qui pèse jusqu'à 23 kg !

En cas d'accident grave, il faut connaître quelques techniques pour porter secours à un blessé.

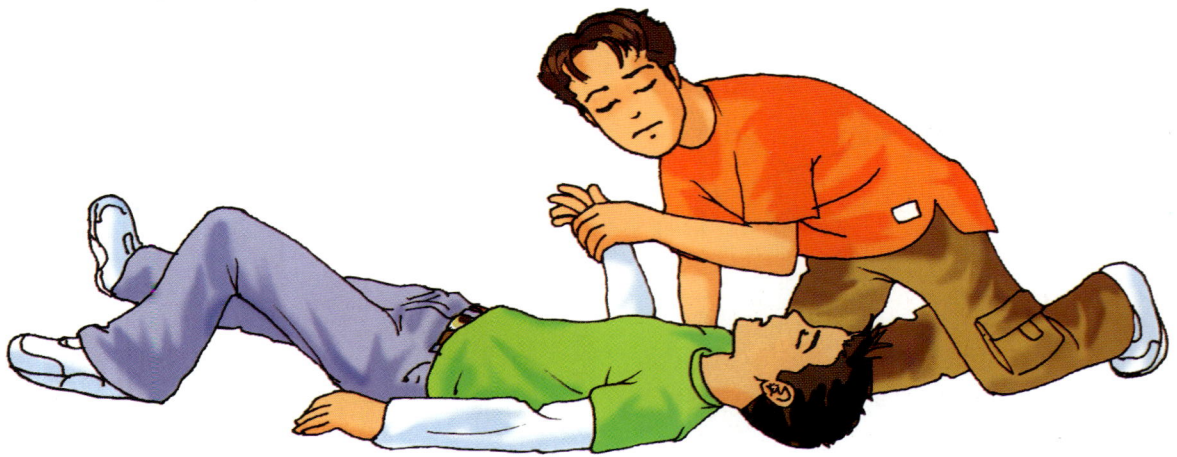

▲ **Doc. 1 :** Pour savoir si quelqu'un a perdu connaissance, il faut lui poser des questions simples. S'il ne parle pas et qu'il ne serre pas la main quand on le lui demande, il est inconscient.

▲ **Doc. 2 :** Pour contrôler la respiration : s'approcher du visage de la victime pour sentir son souffle. Vérifier que sa poitrine se soulève. Si aucun signe ne se manifeste, la victime est en arrêt respiratoire.

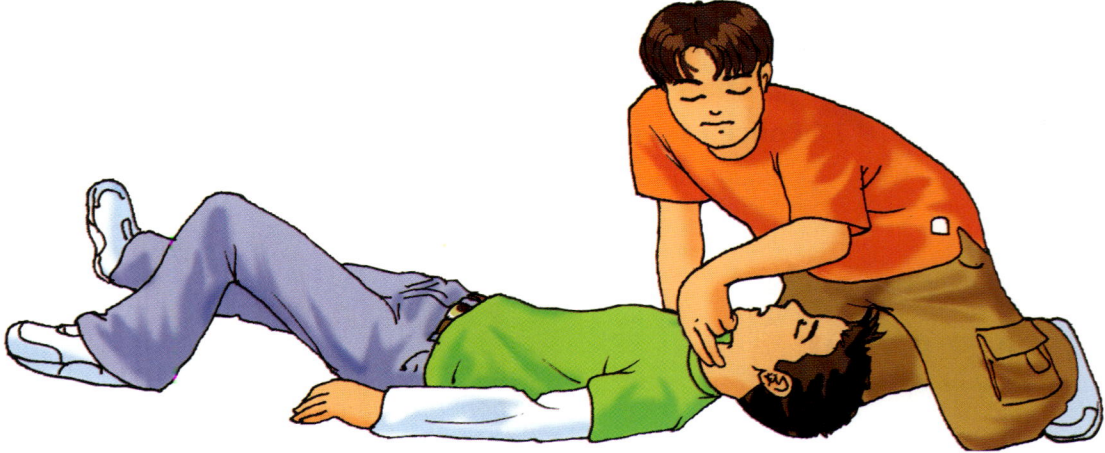

▲ **Doc. 3 :** Pour prendre le pouls d'une personne, placer les doigts sur sa carotide* sans appuyer. S'il n'y a pas de pouls, la victime est en arrêt cardiaque.

Il faut protéger, alerter, secourir.

▲ **Doc. 4 :** Si la victime ne respire pas mais que l'on sent son pouls : faire un bouche-à-bouche. S'il n'y a pas de pouls, appeler les secours. Attention ! ne jamais pratiquer un bouche-à-bouche ou un massage cardiaque si l'on ne sait pas le faire. L'intervention risquerait d'aggraver l'état de la victime.

▲ **Doc. 5 :** Quand une personne est inconsciente, l'allonger sur le côté en la stabilisant avec la jambe du dessus et la couvrir.

[?] **Comment dois-tu t'y prendre pour savoir si quelqu'un a perdu connaissance ?**

[?] **Que dois-tu faire si la victime ne respire pas mais que tu sens son pouls ?**

[?] **Imagine qu'un accident se déroule devant toi dans la rue. Écris un petit texte pour décrire tout ce que tu dois faire et ne pas faire pour porter secours aux victimes.**

✱ Vocabulaire

Carotide : chacune des deux artères qui passent des deux côtés du cou et qui conduisent le sang à la tête.

J'observe

▲ Doc. 1 : La tour de Pise.

◀ Doc. 2 : Sur un chantier de construction, les maçons utilisent un fil à plomb.

▲ Doc. 4 : L'eau du torrent suit la pente de la montagne.

▶ Doc. 3 : La surface de l'eau de cet étang est parfaitement calme.

[?] **Comment est la tour de Pise** (Doc. 1) **? Est-elle comme le fil à plomb** (Doc. 2) **?**

[?] **Compare la surface de l'eau dans les** Doc. 3 et 4.

 ## Je lis

La tour de Pise se redresse

La tour de Pise s'est redressée de 21 millimètres au terme de la première phase des travaux qui s'est achevée le 3 juin. Pour parer à tout ébranlement de la tour, des « bretelles » métalliques ont été posées ainsi que des câbles d'acier. L'intervention sur la tour doit permettre d'atteindre un redressement de 35 à 40 cm, d'ici l'an 2000.

Dépêche de l'AFP, 6 juin 1999.

[?] **Que signifie le mot « redressement » dans ce texte ?**

[?] **Compare le texte et le** Doc. 1. **D'après toi, pourquoi fallait-il faire des travaux sur la tour de Pise ?**

Je comprends

❱ Il existe des instruments pour tracer des lignes parfaitement horizontales ou verticales. Ils sont beaucoup utilisés par les maçons ou les architectes.

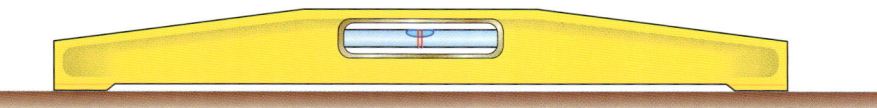

▲ **Doc. 5 :** Un niveau à bulle indique qu'une surface est horizontale. La bulle d'air se stabilise au milieu quand la surface est horizontale.

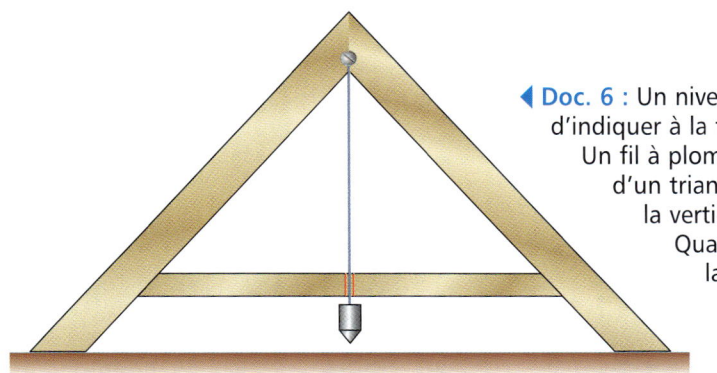

◀ **Doc. 6 :** Un niveau de maçon permet d'indiquer à la fois la verticale et l'horizontale. Un fil à plomb est suspendu au sommet d'un triangle. La pointe du poids indique la verticale du point d'attache. Quand le fil passe entre les repères, la surface est horizontale.

❱ **Doc. 7 :** Un fil à plomb permet d'indiquer la verticale. Un poids est attaché au bout d'une ficelle.

La surface plane d'un liquide au repos (immobile) est **horizontale**.
Un fil souple lesté d'un poids indique la **verticale**. Un objet qu'on lâche tombe à la verticale. Il est entraîné par la pesanteur* vers le centre de la Terre.
En un point donné, une ligne horizontale et une ligne verticale forment un angle droit : les deux lignes sont perpendiculaires.

❱ **Étonnant !**

Bien qu'on la dise horizontale, la ligne d'horizon qui sépare le ciel de la mer n'est pas droite. Elle est courbe ! Elle suit la rotondité de la Terre.

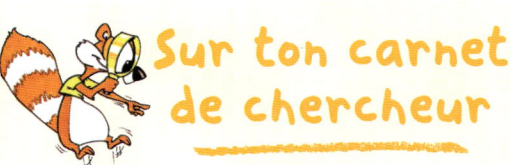

Sur ton carnet de chercheur

● Verse de l'eau dans différents récipients. Dessine sur ton carnet la surface de l'eau. Que remarques-tu ?

* Vocabulaire

Pesanteur : force qui attire tous les corps vers le centre de la Terre. C'est l'attraction terrestre.

J'observe

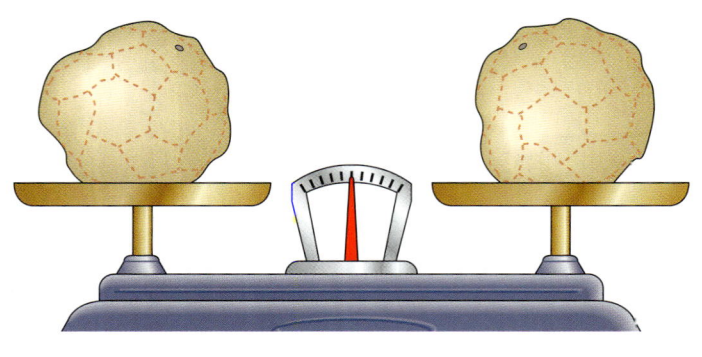

▲ Doc. 1

▲ Doc. 2

[?] Observe les dessins (Doc. 1 et 2). Que remarques-tu ?

[?] Comment peux-tu l'expliquer ?

Je lis

▸ Lis le compte rendu d'expérience d'Alex pour comprendre que l'air peut se peser.

❶ Je pèse un ballon gonflé d'air.

❷ Je place une bouteille en plastique dans une cuvette remplie d'eau. Je vide un peu d'air du ballon dans la bouteille.

❸ Je pèse à nouveau le ballon. Je remarque que le ballon pèse moins lourd qu'au début de l'expérience.

0.850
①

②

0.848
③

[?] Quelle est la masse* de l'air qui s'est échappé du ballon ?

[?] Quelle conclusion Alex peut-il tirer de son expérience ?

 # Je comprends

◀ **Doc. 3 :** Un garçon gonfle une roue de vélo. Avec la pompe, il transvase de l'air extérieur vers la roue.

▶ **Doc. 4 :** La toile du parachute résiste à l'air. Le parachute descend lentement.

◀ **Doc. 5 :** Les mouvements de l'air font tourner les éoliennes.

▲ **Doc. 6 :** Le vent est de l'air qui se déplace.

▶ Étonnant !

Les emballages des aliments sous vide sont collés aux aliments. On a enlevé l'air dans l'emballage, et le plastique se colle sur les aliments sous le poids de l'air ambiant.

C'est parce que **l'air est de la matière comme le sont les liquides et les solides que l'air est pesant. On peut le transvaser** comme les liquides. **L'air peut transmettre un mouvement** comme les solides. **L'air peut résister à un solide, à un liquide ou à un mouvement**, par exemple lors d'une descente en parachute. **Le vent est de l'air en mouvement.**

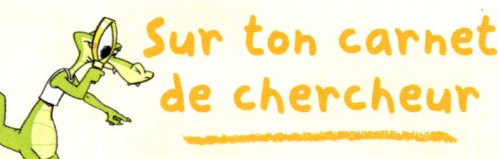

Sur ton carnet de chercheur

• Découpe le fond d'une bouteille en plastique. Place la bouteille à moitié dans l'eau, le fond découpé vers le bas. Qu'y a-t-il dans la bouteille ? D'après toi, pourquoi l'eau ne monte-t-elle pas dans la bouteille ?

✳ Vocabulaire

Masse : quantité de matière d'un objet. On la mesure en grammes.

J'observe

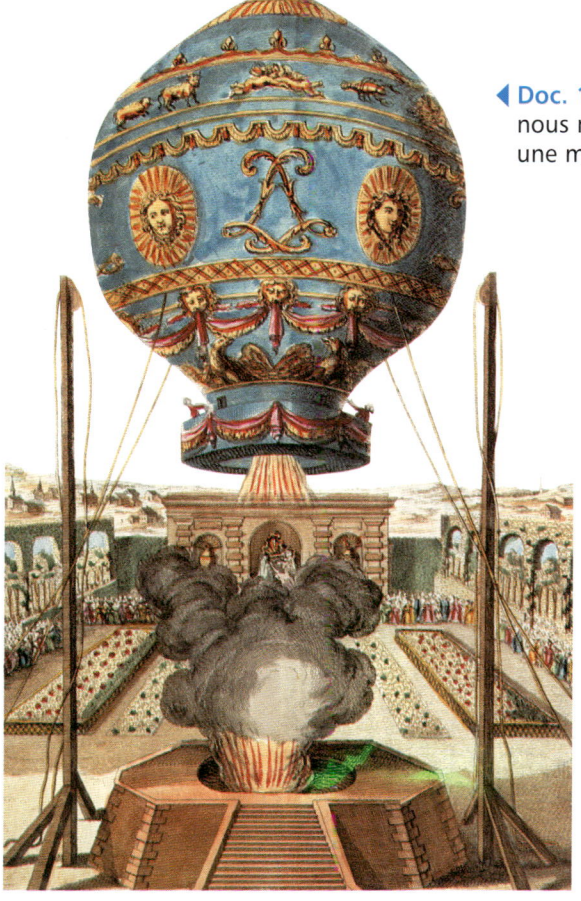

◀ **Doc. 1 :** Cette gravure du XVIIIᵉ siècle nous montre le feu de paille gonflant une montgolfière.

▲ **Doc. 2 :** Une montgolfière moderne et son brûleur à gaz.

[?] **Comment est gonflé chacun de ces ballons (Doc. 1 et 2) ?**

[?] **Décris les points communs et les différences entre ces deux systèmes.**

 ## Je lis

En 1783, les frères Montgolfier, des papetiers d'Annonay, enferment de l'air chaud dans une grande enveloppe de papier : la première montgolfière. L'idée leur serait venue en jetant un sac d'emballage qui s'éleva dans la cheminée. Ils fabriquèrent ainsi le premier engin plus léger que l'air. Ils faisaient chauffer l'air contenu dans le ballon à l'aide d'un feu de paille. Maintenant, on réchauffe l'air en brûlant du gaz propane devant l'ouverture de l'enveloppe, fabriquée aujourd'hui en nylon et traitée pour résister au feu.

[?] **Pourquoi dit-on que la montgolfière est « un engin plus léger que l'air » ?**

Je comprends

◀ **Doc. 3 :** La flamme d'une bougie.

▼ **Doc. 4 :** La fumée d'un feu de camp.

❓ **Pourquoi la flamme de la bougie et la fumée du feu montent-elles à la verticale** (Doc. 3 et 4) **?**

L'air qui se réchauffe devient de plus en plus léger ; c'est pourquoi il se déplace toujours vers le haut. **L'air chaud monte et l'air froid reste au niveau du sol.** C'est ainsi que le ballon monte.

▶ **Étonnant !**

Les planeurs sont des avions sans moteur. Ils utilisent les courants d'air chaud pour gagner de l'altitude et voler dans les airs. Certains pilotes ont réussi à parcourir plus de 1 000 km !

Sur ton carnet de chercheur

● Découpe une spirale dans une feuille de papier léger. Pique une épingle dans son centre. Place la spirale au-dessus d'un radiateur bien chaud en tenant l'épingle verticalement tête en bas. Rédige un compte rendu de ton expérience.

S'élever dans le ciel et voler ! Les hommes ont inventé des machines pour réaliser ce rêve.
Certaines de ces machines, « plus lourdes que l'air », ont essayé d'imiter le vol des oiseaux :
ce sont les avions. D'autres machines, « plus légères que l'air »,
ont permis de flotter dans l'air :
ce sont les montgolfières.

▲ **Doc. 1 :** Le 21 novembre 1783, au-dessus de Paris, Pilâtre de Rozier et le marquis d'Arlandes sont les premiers hommes à s'élever dans les airs à bord d'une montgolfière gonflée d'air chaud.

▲ **Doc. 2 :** Le 7 janvier 1785, Jean-Pierre Blanchard et John Jeffries sont les premiers hommes à traverser la Manche par les airs, en montgolfière.

▶ **Doc. 3 :** Henry Giffard construisit et pilota le premier dirigeable propulsé par une hélice entraînée par un moteur à vapeur. Son premier vol le mena de Paris à Trappes le 25 septembre 1852.

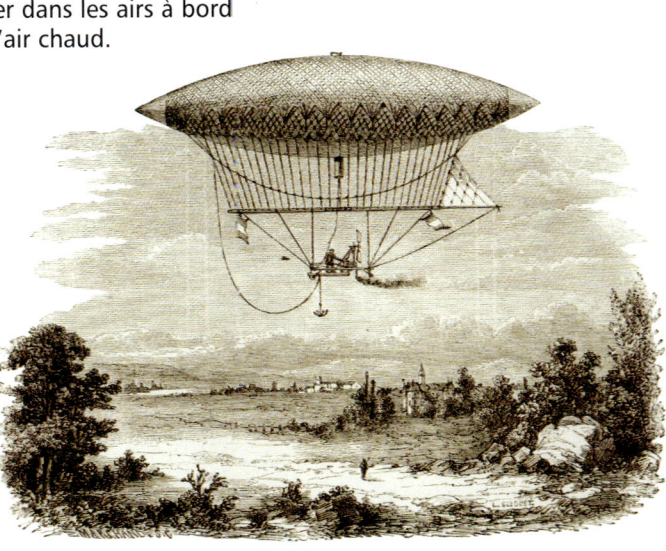

▶ **Étonnant !**

Le 19 septembre 1783, un mouton, un coq et un canard ont été les premiers passagers d'une montgolfière.

LÉGERS QUE L'AIR

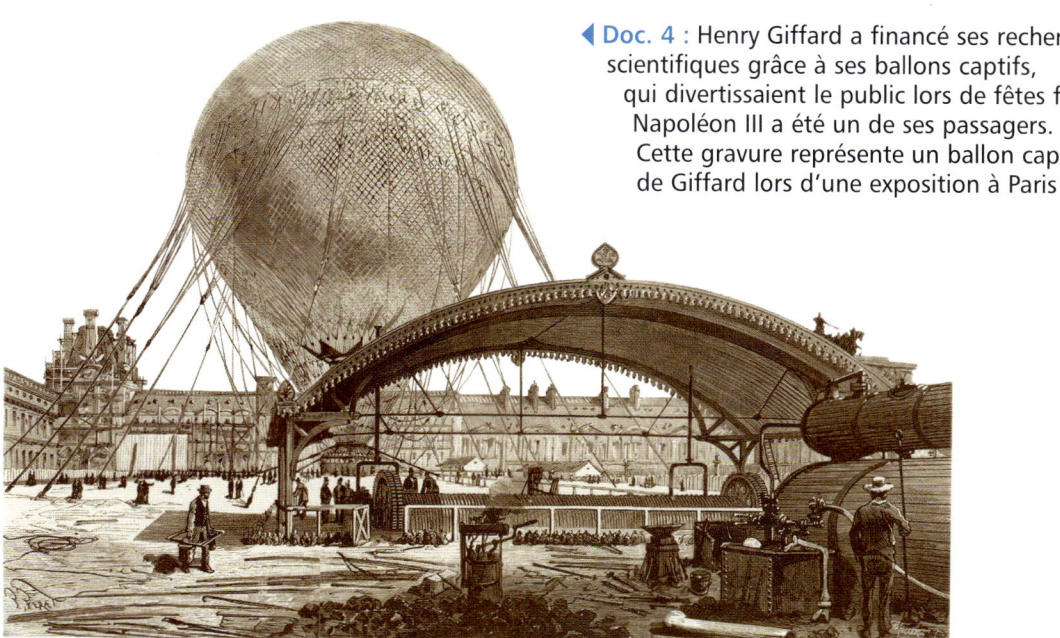

◀ **Doc. 4 :** Henry Giffard a financé ses recherches scientifiques grâce à ses ballons captifs, qui divertissaient le public lors de fêtes foraines. Napoléon III a été un de ses passagers. Cette gravure représente un ballon captif de Giffard lors d'une exposition à Paris en 1878.

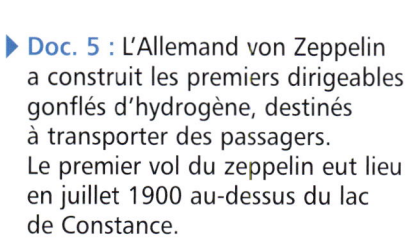

▶ **Doc. 5 :** L'Allemand von Zeppelin a construit les premiers dirigeables gonflés d'hydrogène, destinés à transporter des passagers. Le premier vol du zeppelin eut lieu en juillet 1900 au-dessus du lac de Constance.

[?] **Recherche dans un atlas ou un dictionnaire où se sont déroulés ces exploits.**

[?] **Quelle distance ont parcourue Blanchard et Jeffries dans leur montgolfière (Doc. 2) ?**

[?] **Recherche quelles « machines volantes » d'aujourd'hui fonctionnent avec une hélice.**

Sur ton carnet de chercheur

• Fais une recherche documentaire pour savoir quels gaz permettent aux montgolfières de s'élever dans l'air.

J'observe

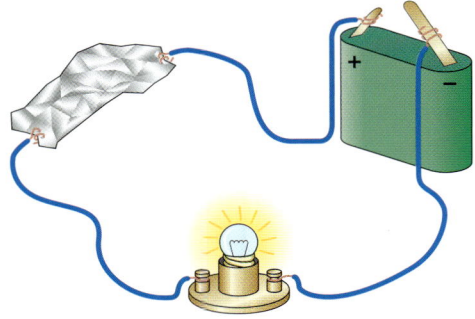

▲ Doc. 1 : On place du papier aluminium dans le circuit électrique : l'ampoule s'allume.

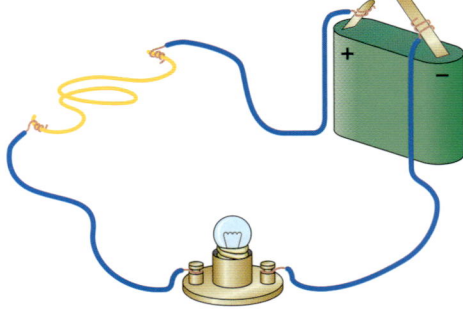

▲ Doc. 2 : On place un brin de laine dans le circuit électrique : l'ampoule ne s'allume pas.

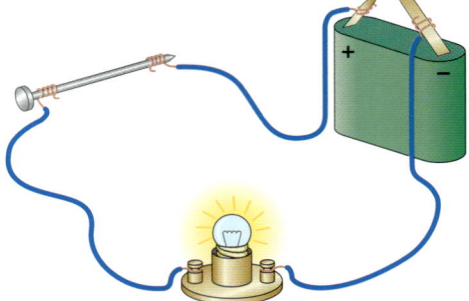

▶ Doc. 3 : On place un clou dans le circuit électrique : l'ampoule s'allume.

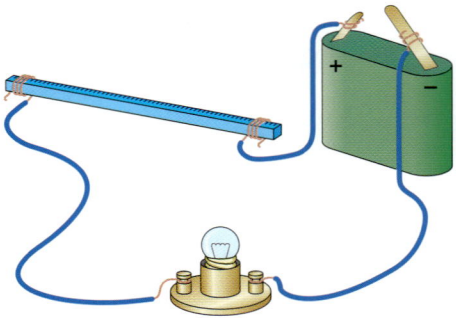

▲ Doc. 4 : On place une règle en plastique dans le circuit électrique : l'ampoule ne s'allume pas.

Je lis

Chimiste de l'Académie des sciences de Paris, Du Fay montre en 1724 que tous les corps peuvent être électrisés* par frottement. Si l'expérience n'a pas réussi jusqu'alors avec les métaux, explique-t-il, c'est qu'ils doivent absolument être tenus par un manche isolant* ou suspendus par un fil isolant, afin que l'électricité ne s'enfuie pas vers le sol à travers le corps de l'expérimentateur ou vers le plafond par l'intermédiaire du fil conducteur*.

« Du Fay, 1724 », *Encyclopédie Hachette 2000*, Hachette Multimédia.

[?] **Pourquoi n'arrivait-on pas à électriser les métaux avant Du Fay ?**

[?] **Comment Du Fay y est-il parvenu ?**

[?] **Observe les dessins. Pourquoi l'ampoule n'est-elle pas allumée sur les Doc. 2 et 4 ?**

[?] **Pourquoi l'ampoule brille-t-elle sur les Doc. 1 et 3 ?**

▶ Étonnant !

La mine d'un crayon de papier est en graphite, une matière conductrice du courant électrique. Si on place une mine de crayon dans un circuit électrique, l'ampoule s'éclaire plus ou moins intensément selon la longueur de la mine !

Je comprends

▶ **Reproduis cette expérience en classe pour comprendre quels matériaux sont conducteurs du courant électrique et quels matériaux sont isolants.**

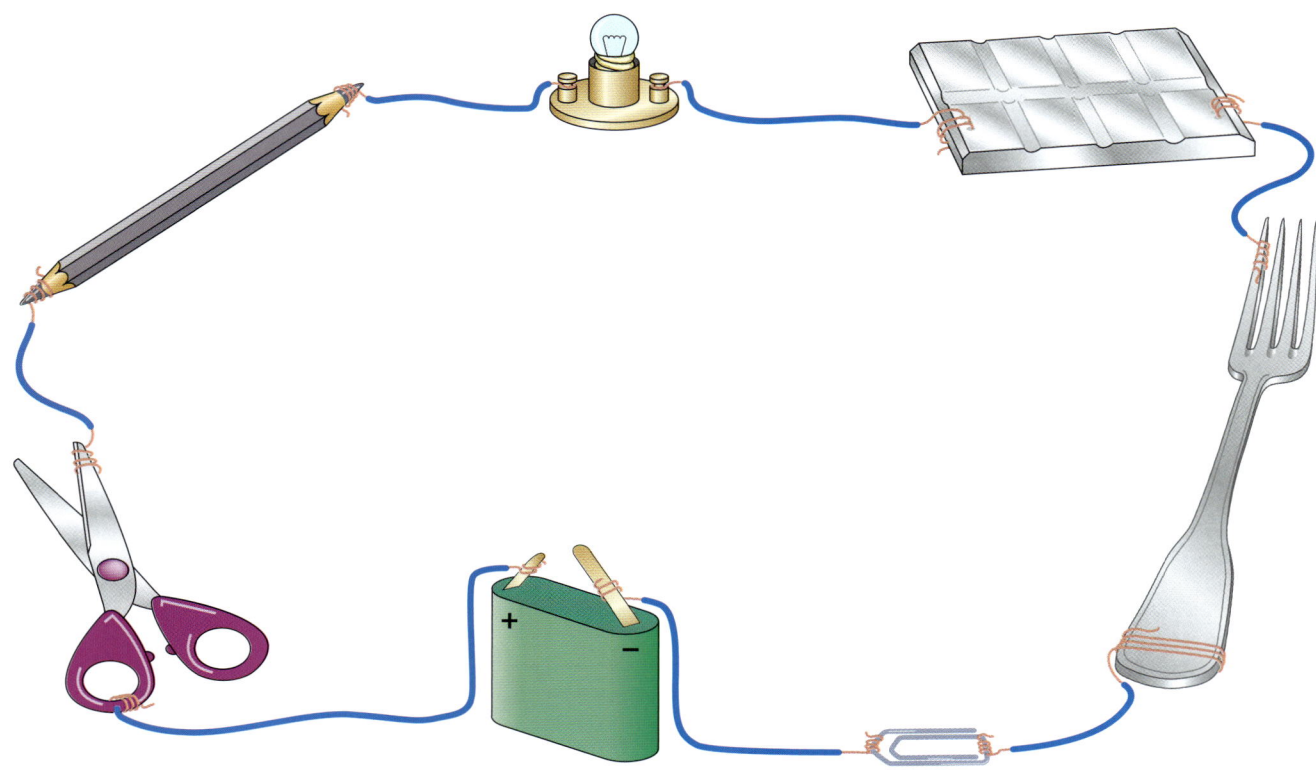

[?] **Quel objet empêche le courant électrique de passer ?**   [?] **En quelle matière est cet objet ?**

Pour que le courant circule dans le circuit et que l'ampoule s'allume, **tous les éléments du circuit doivent être conducteurs. Si l'un des éléments ne l'est pas, le circuit est interrompu** ; cet élément joue le rôle de coupe-circuit ou d'interrupteur. La matière qui le constitue est dite **isolante**.
**Les différentes matières sont plus ou moins conductrices selon les conditions.
Attention ! ne jamais toucher un objet électrique avec les mains mouillées.**

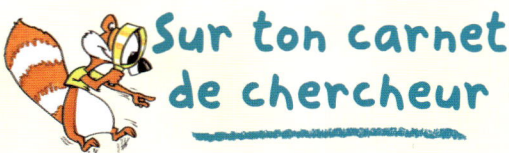 ## Sur ton carnet de chercheur

• Dans un circuit électrique avec une pile, insère tour à tour des objets pour savoir s'ils sont conducteurs ou isolants. Classe tes résultats dans un tableau.

✷ Vocabulaire

Conducteur : se dit d'un matériau qui laisse passer le courant électrique.
Électriser : communiquer une charge électrique à un objet.
Isolant : se dit d'un matériau qui ne conduit pas le courant électrique.

Un circuit en série est un circuit dans lequel le courant électrique passe d'une ampoule à l'autre.

Matériel

- Une pile plate de 4,5 volts.
- Du fil électrique de téléphone.
- Deux ampoules de lampe de poche.
- Deux douilles.
- Un interrupteur.

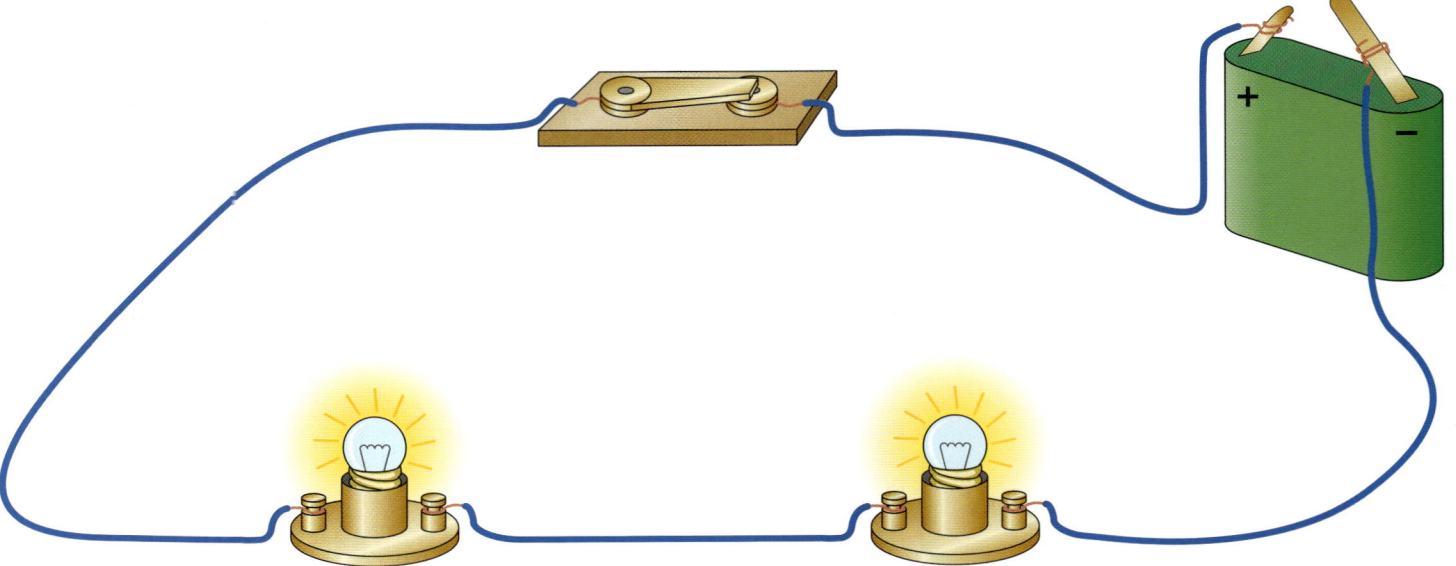

Je construis

1• Sur 3 cm, enlève la gaine isolante des extrémités des fils électriques. On appelle cette manipulation « dénuder les fils ».

2• Insère chaque ampoule dans une douille. Assure-toi que le contact entre l'ampoule et sa douille est parfait.

3• Connecte un fil entre la borne ⊖ de la pile et la première ampoule.

4• Connecte un fil entre les bornes des douilles des deux ampoules.

5• Connecte un fil entre l'autre borne de la douille de la deuxième ampoule et une borne de l'interrupteur.

6• Connecte un fil entre l'autre borne de l'interrupteur et la borne ⊕ de la pile.

Si l'interrupteur est fermé, les ampoules s'allument.

Si l'interrupteur est ouvert, le courant électrique ne circule pas dans le circuit.

Ferme l'interrupteur pour établir la connexion : le courant circule et les ampoules s'allument.

? Ajoute d'autres ampoules dans ton circuit en suivant la même procédure. Que constates-tu ?

Dans un circuit en dérivation, le courant électrique qui passe dans une ampoule ne passe pas forcément dans l'autre ampoule.

Matériel

- Une pile plate de 4,5 volts.
- Deux ampoules de lampe de poche.
- Deux douilles.
- Du fil électrique de téléphone.
- Un interrupteur.

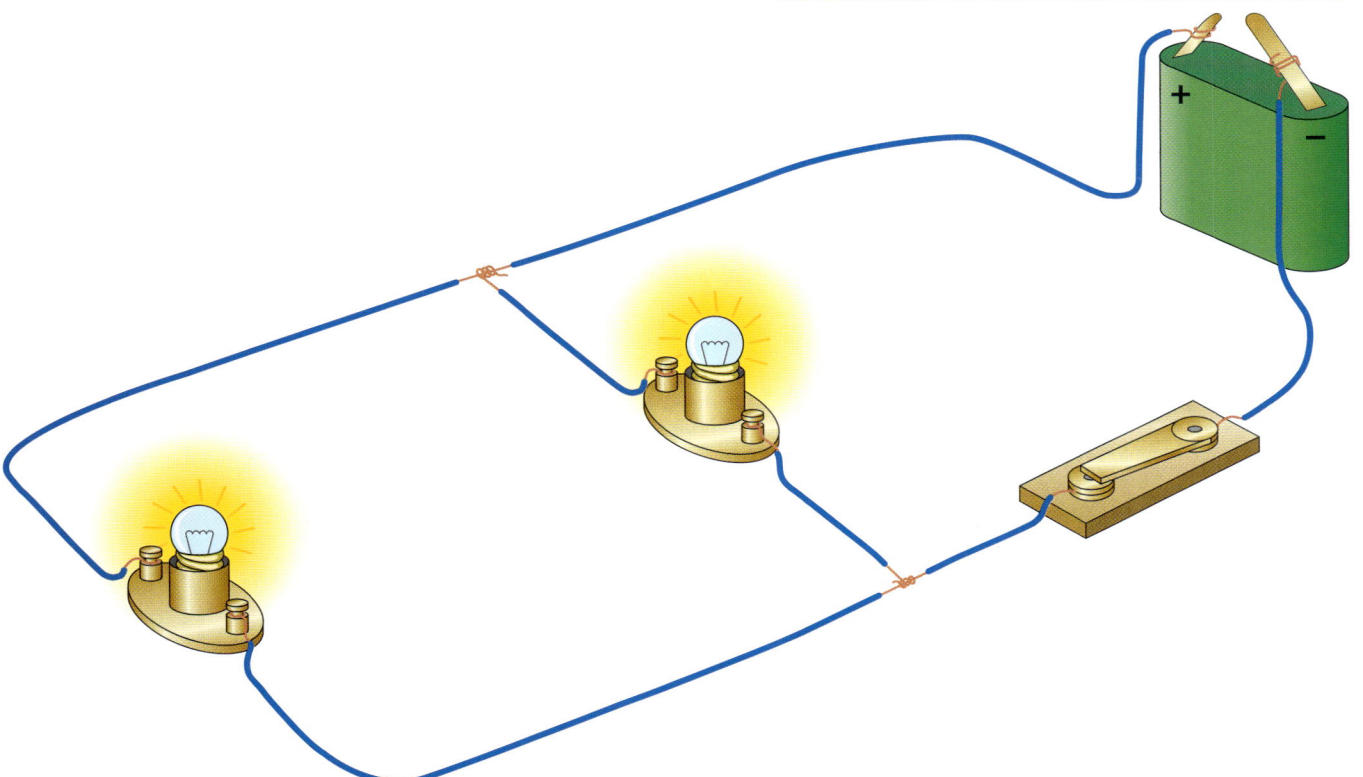

Je construis

1• Deux longs fils parallèles (environ 30 cm de long) sont branchés aux bornes de la pile.

2• Connecte un interrupteur sur un des fils.

3• Un troisième fil, sur lequel on branche une ampoule, est connecté entre ces deux fils.

4• De la même manière, on connecte en parallèle un autre fil avec une deuxième ampoule.

5• Comme pour le circuit en série, vérifie avec attention les contacts.

? Manœuvre l'interrupteur. Que constates-tu ?

? Connecte une troisième ampoule dans un troisième circuit en dérivation, en suivant le même modèle.

? Observe ce qui se passe. Rédige un compte rendu avec tes observations et tes remarques.

 ## J'observe et je lis

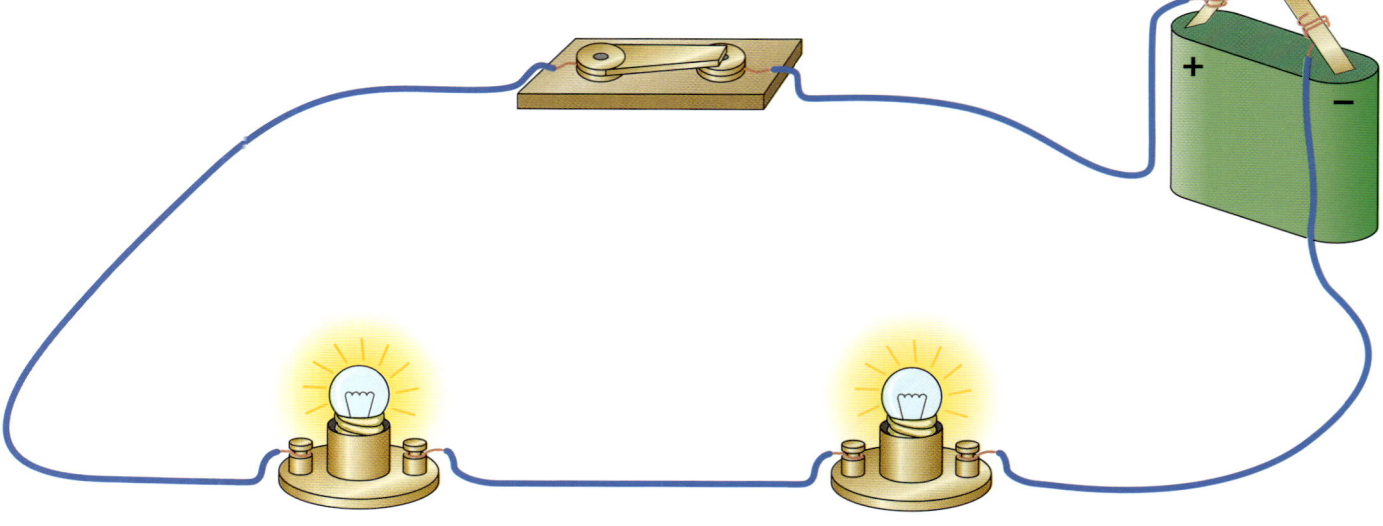

▲ **Doc. 1** : Un circuit en série.

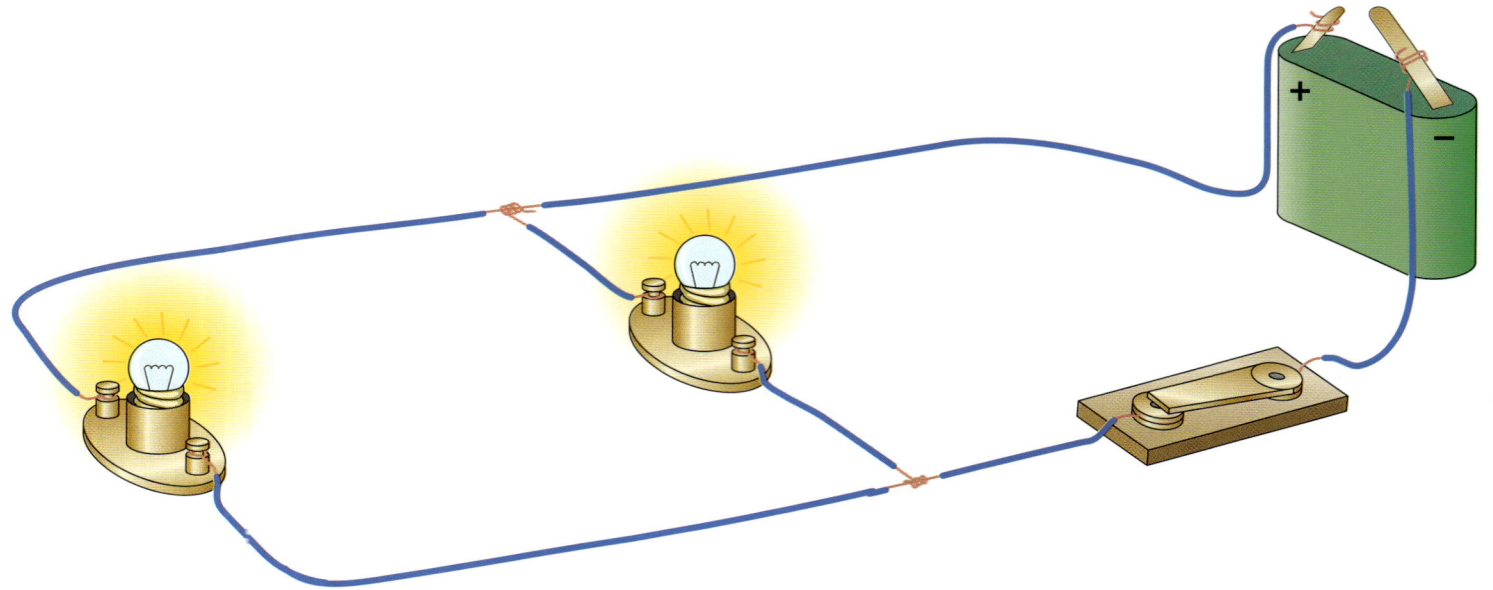

▲ **Doc. 2** : Un circuit en dérivation.

[?] **Compare ces deux expériences (Doc. 1 et 2). Décris les différences entre ces deux circuits électriques.**

[?] **Reproduis ces circuits électriques en classe. Que se passe-t-il si une ampoule du circuit en série (Doc. 1) est défectueuse ? et si une ampoule du circuit en dérivation (Doc. 2) est grillée ?**

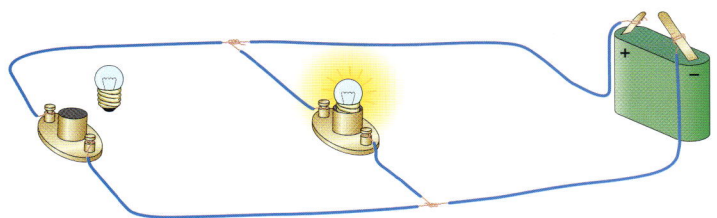

Je comprends

▶ **Dans un circuit en série, les ampoules sont directement reliées entre elles. Si on retire une ampoule, le courant électrique ne circule plus dans le circuit.**

▲ **Doc. 3 :** Pour vérifier que les ampoules sont reliées entre elles, on retire une des deux ampoules. La deuxième ampoule ne s'allume plus.

▲ **Doc. 4 :** Si on replace correctement la première ampoule dans le circuit, les deux ampoules s'allument en même temps.

▶ **Dans un circuit en dérivation, chaque ampoule est reliée directement à la pile. Si on retire une ampoule, le courant électrique circule toujours.**

◀ **Doc. 5 :** Si on retire une ampoule du circuit, la deuxième continue de fonctionner.

Dans un circuit en série, quand une ampoule est grillée, les autres éléments du circuit ne peuvent plus fonctionner. En grillant, l'ampoule a ouvert le circuit et le courant électrique ne passe plus.
Dans un circuit en dérivation, il n'y a qu'un seul circuit électrique, avec une seule pile, mais chaque ampoule est sur une branche différente. **Si une ampoule est défectueuse, le courant électrique continue à traverser les autres branches du circuit.**

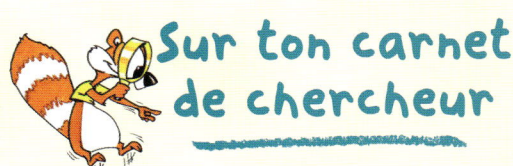

Sur ton carnet de chercheur

• Observe les schémas de ton carnet. Dis s'ils représentent des circuits en dérivation ou des circuits en série.

▶ **Étonnant !**

Les guirlandes qui illuminent les rues en décembre sont constituées de circuits en dérivation. Si une seule ampoule est grillée, la guirlande ne s'éteint pas !

Le principal danger de l'électricité est l'électrocution.
Que faire si cela arrive ?

– Ne pas toucher la victime avant d'avoir coupé le courant.

– Débrancher la prise de l'appareil électrique en cause ou arrêter le disjoncteur.

– Séparer la victime de la source électrique avec un objet sec non conducteur (manche à balai en bois, journal roulé) en gardant les pieds au sec.

– Appeler rapidement le 18 (les pompiers) ou le 15 (le SAMU).

▲ **Doc. 2 :** Il est dangereux d'utiliser des appareils électriques à proximité de l'eau ou d'une surface mouillée. L'eau est conductrice de l'électricité : tu risques de t'électrocuter.

▲ **Doc. 1 :** Il est dangereux de remplacer une ampoule sans avoir coupé l'alimentation électrique : tu risques de t'électrocuter.

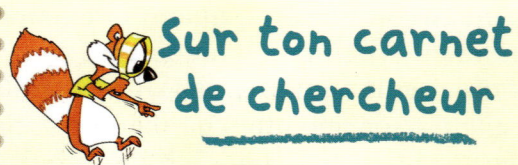

Sur ton carnet de chercheur

• Identifie les dangers de l'électricité dessinés dans ton carnet. Relie chaque dessin à la légende qui lui correspond. Explique ensuite le geste à faire ou la prévention à mettre en place pour éviter les accidents.

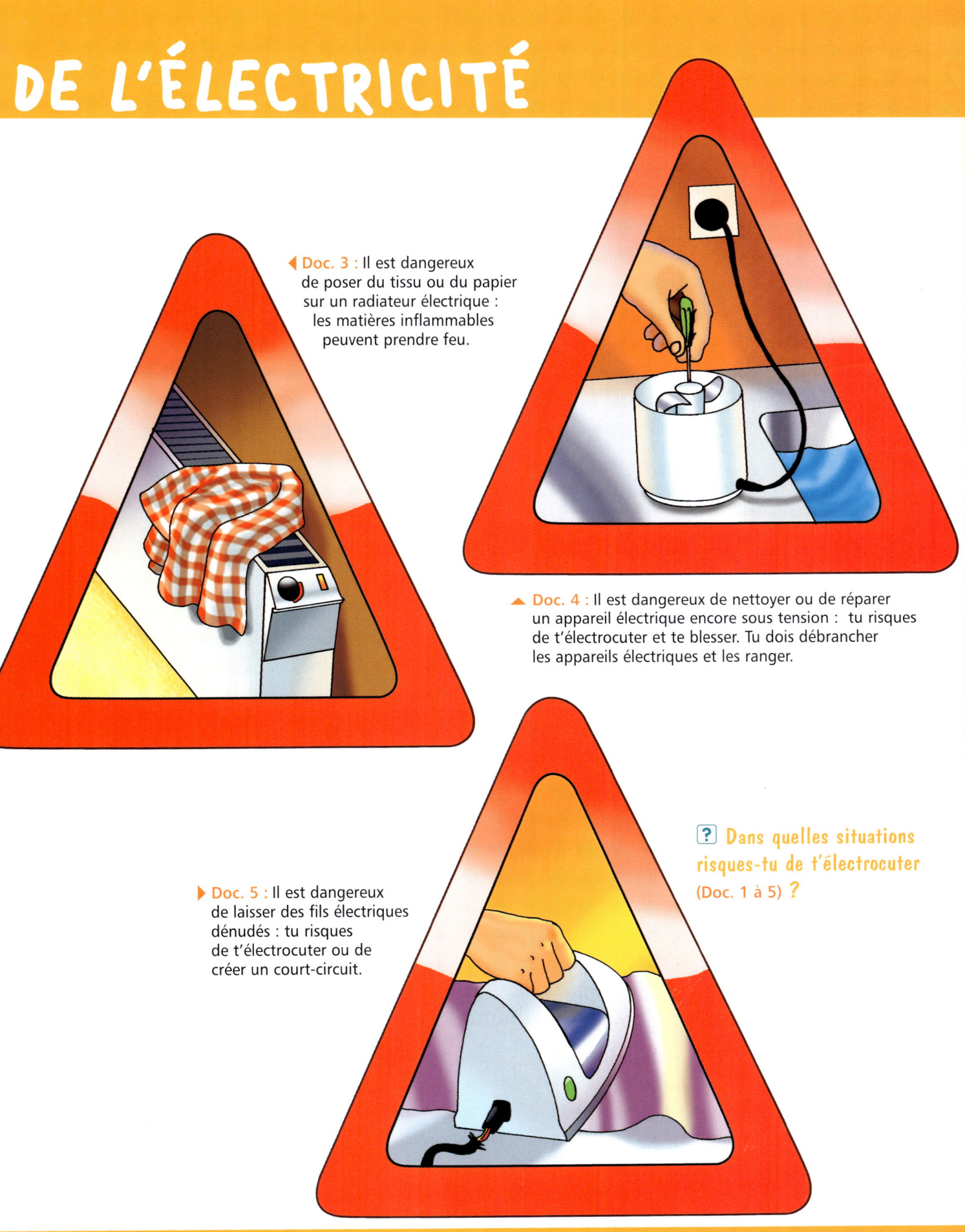

◀ **Doc. 3 :** Il est dangereux de poser du tissu ou du papier sur un radiateur électrique : les matières inflammables peuvent prendre feu.

▲ **Doc. 4 :** Il est dangereux de nettoyer ou de réparer un appareil électrique encore sous tension : tu risques de t'électrocuter et te blesser. Tu dois débrancher les appareils électriques et les ranger.

▶ **Doc. 5 :** Il est dangereux de laisser des fils électriques dénudés : tu risques de t'électrocuter ou de créer un court-circuit.

[?] **Dans quelles situations risques-tu de t'électrocuter (Doc. 1 à 5) ?**

Toujours utilisé de nos jours pour mesurer des durées, le sablier fonctionne suivant le principe de l'écoulement régulier d'une matière.

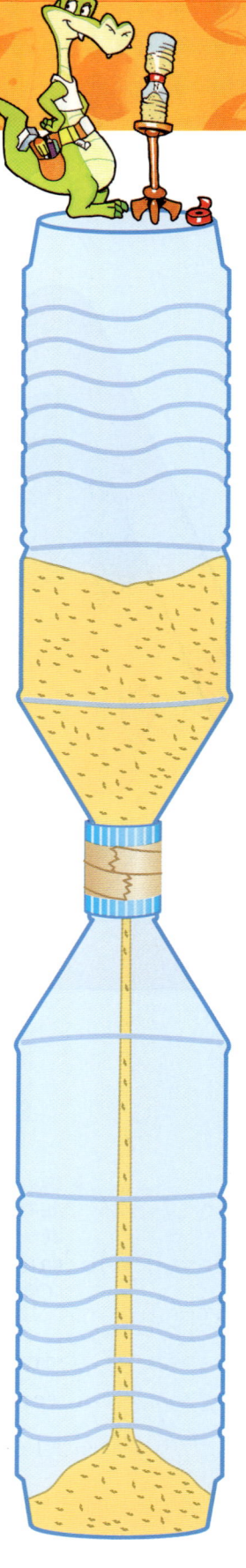

Matériel

- Deux petites bouteilles en plastique aux goulots de même diamètre avec leur bouchon.
- Un verre de sable fin et bien sec.
- Un rouleau de ruban adhésif toilé.
- Un chronomètre ou une montre à trotteuse.

Je construis

1• Le maître a percé le centre des deux bouchons.

2• Verser le sable dans une des deux bouteilles.

3• Refermer chaque bouteille avec son bouchon.

4• Placer la bouteille vide à l'envers sur la bouteille pleine, bouchon contre bouchon.
Il faut s'assurer que les trous des bouchons sont bien l'un en face de l'autre.

5• Entourer les goulots des deux bouteilles de ruban adhésif pour maintenir les deux bouteilles ensemble.

6• Retourner le sablier : le sable s'écoule d'une bouteille à l'autre. Ton sablier est prêt à fonctionner.

[?] Il te reste à régler la durée d'écoulement du sable. Comment vas-tu faire ?

Le mot « clepsydre » est un mot grec qui signifie « qui vole l'eau ». La clepsydre est une horloge à eau. Elle utilise l'écoulement de l'eau pour mesurer les durées. À l'origine, la clepsydre était un simple récipient, gradué à l'intérieur et percé au fond d'un petit trou par lequel l'eau s'écoulait.

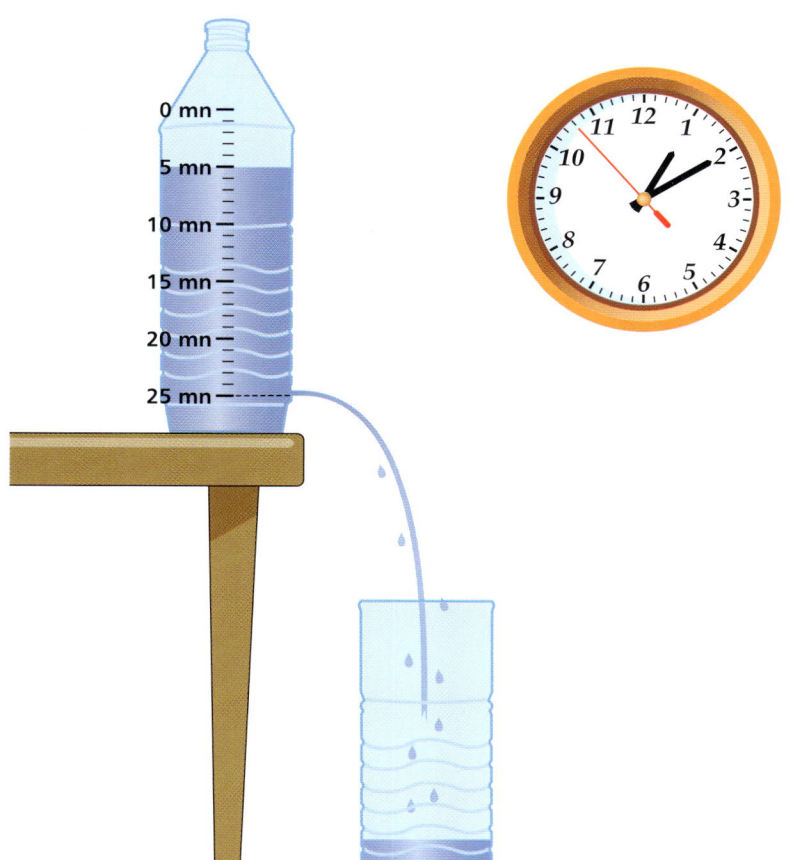

Matériel

- Deux bouteilles en plastique de 1,5 litre.
- Un clou de 3 cm de long et de 1 mm de diamètre.
- De l'eau.
- Un feutre.
- Un chronomètre ou une montre à trotteuse.
- Une table.
- Une paire de ciseaux.

Je construis

1 • Découper le haut de la première bouteille à l'aide de la paire de ciseaux.

2 • Percer un trou latéral à la base de la deuxième bouteille à l'aide du clou.

3 • Poser la deuxième bouteille au bord de la table, pour que le trou soit au-dessus de l'autre bouteille, posée sur le sol.

4 • Remplir d'eau la bouteille posée sur la table et enlever le bouchon.

5 • Marquer au feutre le niveau de l'eau sur la paroi de la bouteille.

6 • L'eau s'écoule immédiatement et tombe dans la bouteille posée sur le sol.

7 • Marquer au feutre toutes les minutes le niveau de l'eau.
La clepsydre est ainsi prête à servir comme instrument de mesure du temps.

Alexander Calder est un artiste américain du XXe siècle. Il a créé des sculptures suspendues : des mobiles.

Un mobile est une œuvre artistique dont l'originalité est de se mettre en mouvement au moindre courant d'air. Chaque élément d'un mobile bouge en toute liberté et selon son propre rythme, en suivant les déplacements de l'air.

▲ **Doc. 1 :** *The Black Eye* (*L'Œil noir*), mobile réalisé par Alexander Calder en 1961.

[?] **Observe ce mobile. D'après toi, quels sont les points de la sculpture qui sont mobiles ?**

[?] **Où sont les points d'équilibre entre les différentes pièces ?**

En t'inspirant du mobile d'Alexander Calder, construis un mobile et expose-le dans ta classe ou dans ton école.

Matériel

• Des tiges de bois fines (environ 1 cm d'épaisseur) et de longueurs variées (de 2 m à 30 cm).
• De la ficelle.
• Du carton.
• Une paire de ciseaux.
• Une règle graduée.

Je construis

Première étape • Découpe des figures géométriques dans le carton. Elles peuvent être de formes et de grandeurs différentes. Décore chaque forme selon ton envie. Ton mobile n'en sera que plus beau !

Deuxième étape • Fais un trou dans chaque figure en carton pour y faire passer la ficelle.
Attache avec un bout de ficelle (20 cm) deux de ces formes à chaque extrémité d'une tige de bois (30 cm).

Troisième étape • Attache un autre bout de ficelle (30 cm) vers le milieu de la tige de bois. Déplace le point d'attache de cette ficelle jusqu'à ce que tu trouves l'équilibre de ton ensemble.
Tu remarques que la ficelle n'est pas forcément attachée au milieu de la tige.

Quatrième étape • Fabrique plusieurs ensembles sur le même modèle. Attache avec de la ficelle deux ensembles à chaque extrémité d'une tige plus longue (50 cm). Attache un autre bout de ficelle (30 cm) au point correct de la tige afin de trouver le point d'équilibre.

Cinquième étape • Si ta classe a assez de hauteur de plafond, tu peux augmenter le nombre d'ensembles et fabriquer un mobile à plusieurs étages. N'oublie pas de toujours rechercher l'équilibre.

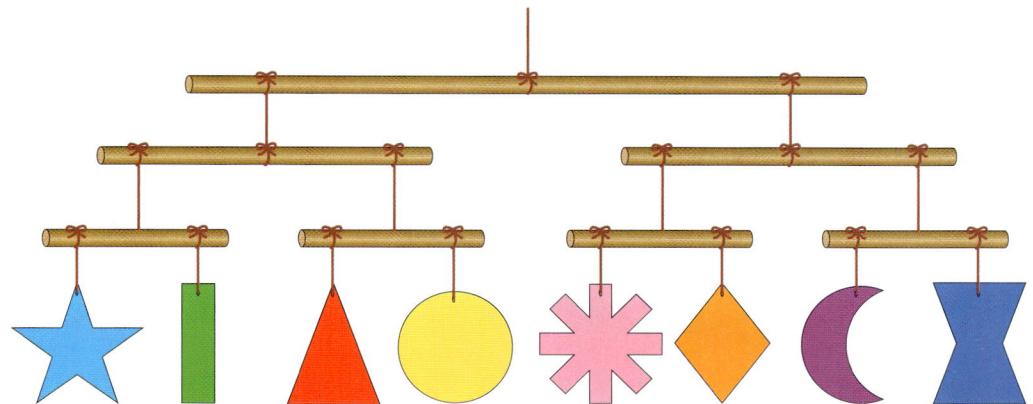

Quand ton mobile sera terminé, tu remarqueras que chaque pièce a des mouvements indépendants. Les pièces du mobile peuvent s'entrechoquer au cours de leurs déplacements. Cela déclenche des mouvements de sens contraire.

Comment soulever un objet lourd ?

 ## J'observe

▲ **Doc. 1 :** La petite fille utilise un système de levier* pour soulever son père.

▶ **Doc. 2 :** Un palan* pour soulever une charge.

[?] Observe le **Doc. 1**. La petite fille va-t-elle réussir à soulever son père en tirant sur cette corde ? et en tirant sur les autres cordes ?

[?] Décris le système du **Doc. 2**. D'après toi, sera-t-il facile de soulever la charge grâce à ce système de poulies ?

 ## Je lis

Morris, *Les Cousins Dalton*, éditions Dupuis.

[?] Décris la situation dessinée.

[?] Quel Dalton est le mieux placé pour soulever seul la pierre ? Explique pourquoi.

Je comprends

▶ **Le treuil*, le levier et le palan sont des systèmes qui permettent de soulever des charges lourdes.**
Ces schémas te permettent de comprendre leur fonctionnement.

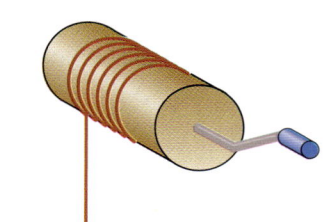

◀ Doc. 3 : Il faut tourner la manivelle pour que la corde s'enroule autour du treuil.

▶ Doc. 4 : Le levier est une simple barre rigide.

[?] **Pourrait-on soulever des charges lourdes sans utiliser ces systèmes ?**
[?] **Cite des métiers où l'on utilise encore ces systèmes aujourd'hui.**

▲ Doc. 5 : Le palan est un ensemble de poulies autour desquelles s'enroule une corde.

Avec un **levier**, plus on se place près du **pivot***, plus il faut de force pour soulever la charge.
Plus on se place loin du pivot, moins il faut de force pour soulever la charge.
Pour le **treuil**, plus la **manivelle** est loin de **l'axe de rotation**, moins il faut d'efforts pour soulever la charge.
Pour le **palan**, plus le nombre de **tours de corde autour des roulettes** est important, plus la charge que l'on peut soulever est importante.

▶ Étonnant !

Archimède était un physicien grec. Il disait pouvoir soulever le monde si on lui donnait un levier assez long et un point d'appui !

Sur ton carnet de chercheur

• Observe les schémas dans ton carnet. Entoure la situation dans laquelle il sera plus facile de soulever la charge.

* Vocabulaire

Levier : barre rigide que l'on glisse sous les objets lourds pour les soulever.

Palan : appareil qui permet de soulever des objets lourds grâce à un système de poulies.

Pivot : endroit où se fait l'équilibre, point d'appui.

Treuil : cylindre autour duquel s'enroule une corde ou un câble. On fait tourner le treuil grâce à une manivelle.

J'observe

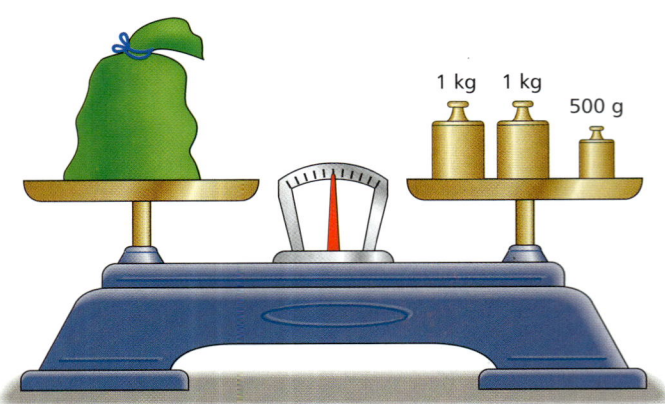

▲ **Doc. 1 :** Cette balance Roberval a des fléaux* égaux.

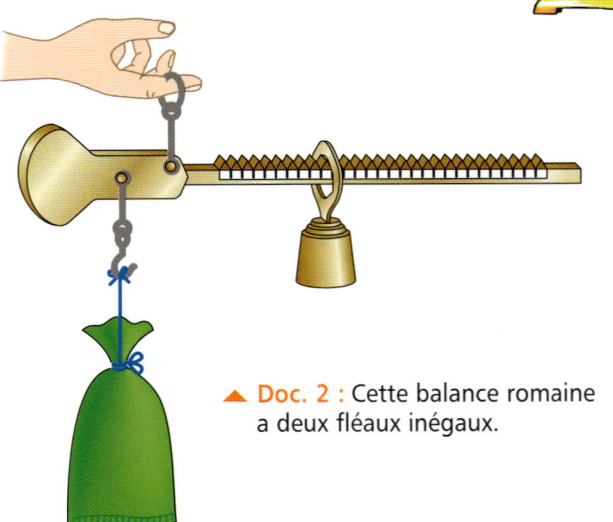

▲ **Doc. 2 :** Cette balance romaine a deux fléaux inégaux.

[?] **Décris chaque balance (Doc. 1 et 2).**

[?] **Quelles sont leurs différences ?**

[?] **Dans chaque cas, comment obtient-on l'équilibre ?**

▶ **Étonnant !**

0,0000000001 gramme : c'est la masse la plus petite que l'on a réussi à mesurer en laboratoire !

Je lis

L'unification des mesures pendant la Révolution française

En 1789, l'unification des poids et des mesures était réclamée dans les cahiers de doléances. En effet, les unités de poids étaient différentes aux quatre coins de la France : chaque commune pouvait avoir son unité, chaque seigneur sa mesure… Toutes ces unités portaient souvent le même nom, même si elles ne correspondaient pas à la même masse ! Cette situation ne facilitait pas le commerce entre les régions. C'est pourquoi l'Assemblée nationale décida en 1793 la constitution d'un système unifié de poids et mesures en France : ce fut l'apparition du gramme.

[?] **Pourquoi le commerce entre les régions était-il difficile avant 1793 ?**

[?] **Qu'est-ce que « la constitution d'un système unifié de poids et mesures » ?**

[?] **Recherche des noms d'anciennes unités de mesure du poids.**

Je comprends

▶ **Voici le compte rendu d'expérience d'Émile.**
L'endroit où se positionne la règle sur le tube de colle est appelé « pivot »
ou « point d'appui ».

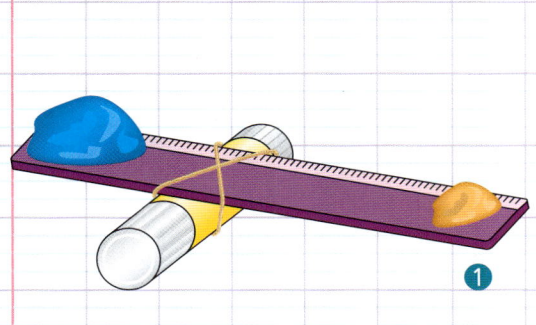

Avec une règle plate et un tube de colle cylindrique, je construis une balance.

❶ Je place un petit morceau de pâte à modeler d'un côté et un gros morceau de l'autre.
Je déplace le tube de colle jusqu'à ce que je trouve le point d'équilibre. Je remarque que le tube de colle doit être plus loin du petit morceau que du gros.

❷ Je place des morceaux de pâte à modeler de même masse de chaque côté de la règle.
Je remarque que le tube de colle doit être à égale distance des deux morceaux pour obtenir l'équilibre.

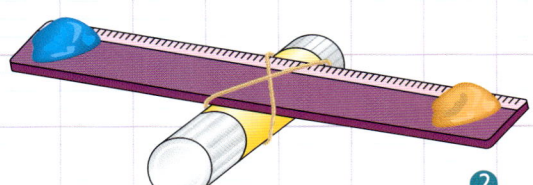

La balance sert à comparer la masse des objets. On dit que des masses sont équivalentes lorsque le **fléau** est à l'horizontale.
Pour peser un objet sur une balance Roberval, on le place sur un des plateaux de la balance, puis on essaie d'équilibrer la balance en plaçant sur l'autre plateau des masses marquées.

Sur ton carnet de chercheur

• Construis une balance en suivant les instructions.

✳ Vocabulaire

Fléau : pièce rigide en équilibre sur laquelle reposent les plateaux d'une balance.

De tout temps, les hommes ont éprouvé le besoin de peser des objets. Ils ont peu à peu inventé des instruments de mesure de plus en plus précis.

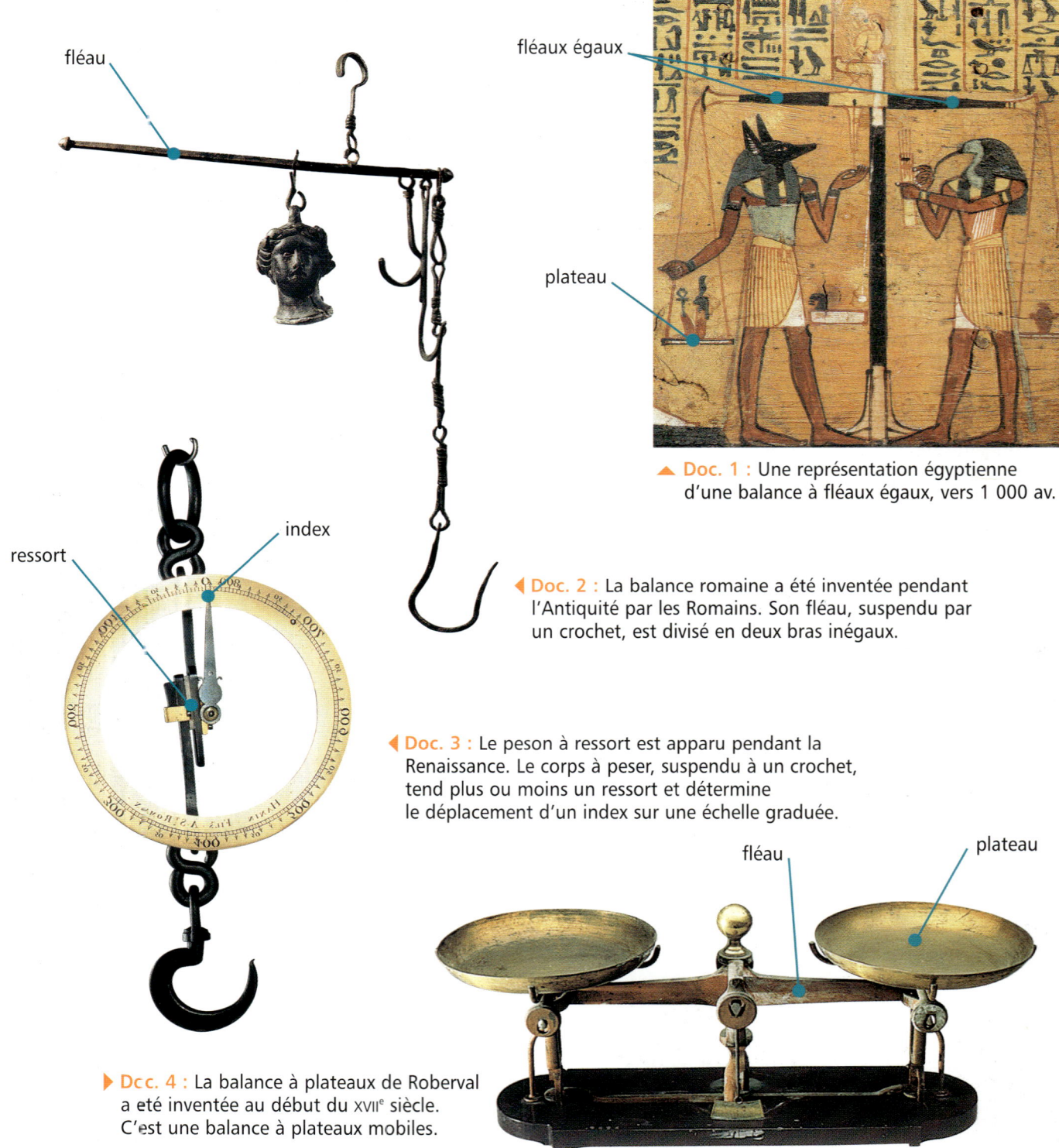

fléau

fléaux égaux

plateau

▲ **Doc. 1 :** Une représentation égyptienne d'une balance à fléaux égaux, vers 1 000 av. J.-C.

index

ressort

◀ **Doc. 2 :** La balance romaine a été inventée pendant l'Antiquité par les Romains. Son fléau, suspendu par un crochet, est divisé en deux bras inégaux.

◀ **Doc. 3 :** Le peson à ressort est apparu pendant la Renaissance. Le corps à peser, suspendu à un crochet, tend plus ou moins un ressort et détermine le déplacement d'un index sur une échelle graduée.

fléau

plateau

▶ **Doc. 4 :** La balance à plateaux de Roberval a été inventée au début du XVIIᵉ siècle. C'est une balance à plateaux mobiles.

toise

▶ Étonnant !

Il y a plusieurs siècles, les marchands du Moyen-Orient utilisaient les graines de caroubier pour équilibrer leurs balances. Ces graines avaient un poids rigoureusement identique et deux graines de caroubier équilibraient parfaitement les plateaux des balances qu'on utilisait alors. Même nos balances actuelles les plus précises n'enregistrent qu'une infime différence entre deux graines de caroubier !

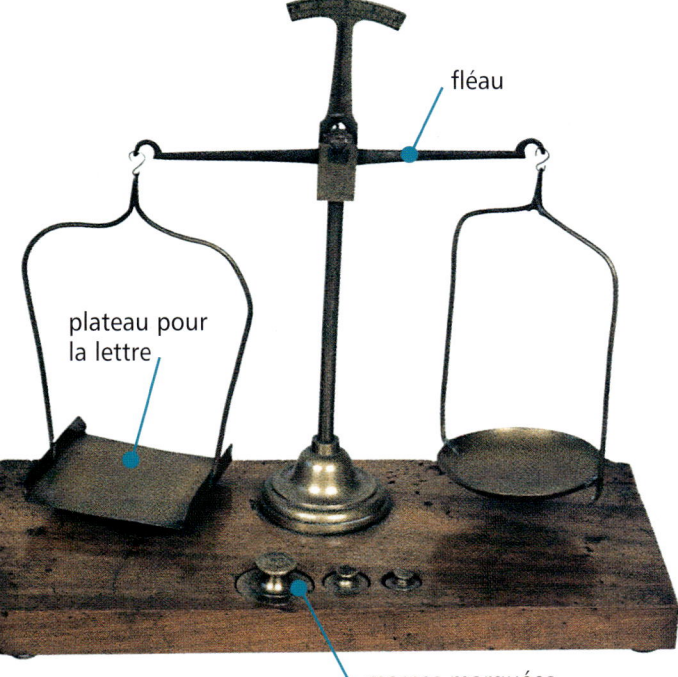

◀ **Doc. 5 :** Cet objet en bois est un ancien pèse-personne utilisé par les médecins. Il servait également de toise.

▼ **Doc. 6 :** De nos jours, les balances mécaniques ont été remplacées par des balances électroniques qui affichent la pesée sur un écran.

▼ **Doc. 7 :** Le pèse-lettre était utilisé pour les petites pesées. On plaçait la lettre à peser sur un des plateaux et les masses marquées sur l'autre plateau.

fléau

plateau pour la lettre

masses marquées

Sur ton carnet de chercheur

• Recherche quelle masse maximum peut supporter une balance de cuisine.

J'observe

▲ **Doc. 1 :** Une plate-forme pétrolière en mer du Nord.

▲ **Doc. 2 :** Une centrale hydraulique.

▲ **Doc. 3 :** Une voiture solaire.

[?] **À quoi sert l'installation du Doc. 1 ?**

[?] **Quelle force la centrale du Doc. 2 utilise-t-elle pour produire de l'énergie ?**

[?] **Quelle énergie permet à la voiture du Doc. 3 d'avancer ?**

 ## Je lis

Triste mine… La France dit solennellement adieu à ses « gueules noires ».

Le 23 avril 2004 est à marquer d'un bloc de houille* noire. C'est ce jour que le dernier bloc de charbon français aura été extrait du puits de la Houve, à Creutzwald (Moselle), tournant ainsi la dernière page d'une épopée humaine, industrielle et sociale commencée il y a près de trois siècles. […] L'arrêt des Houillères du bassin de Lorraine met un point final à l'histoire du charbon en France. Ce vendredi soir, le dernier bloc de charbon était symboliquement remonté de la mine, […] lors d'une cérémonie d'hommage aux « gueules noires ».

Groupe scolaire « Les Frères Chappe ».

[?] **Qui appelle-t-on « les gueules noires » ? Explique pourquoi.**

[?] **À quoi servait le charbon ?**

[?] **Pour quelles raisons a-t-on arrêté l'exploitation du charbon ?**

Je comprends

▶ **Le vent est une source d'énergie propre qui respecte l'environnement. Il est gratuit, disponible partout et inépuisable.**

▲ **Doc. 4 :** Ce moulin à vent transforme l'énergie du mouvement du vent en énergie mécanique.

▲ **Doc. 5 :** Cette éolienne utilise le vent pour produire de l'électricité. C'est un aérogénérateur.

Il existe deux types de sources d'énergie :
– **Les sources d'énergie fossiles* extraites du sous-sol et épuisables** : ce sont le charbon, le pétrole et le gaz naturel.
– **Les sources d'énergie renouvelables*. Elles n'épuisent pas les ressources de notre planète** : ce sont la chaleur du Soleil, la force du vent et de l'eau. L'énergie peut être utilisée à produire de la chaleur pour chauffer les habitations, à fabriquer de la lumière pour s'éclairer et à produire de la force pour se déplacer, pour faire fonctionner des objets…

Sur ton carnet de chercheur

• À l'aide de la notice de fabrication et du schéma, construis un moulin à vent.

▶ **Étonnant !**

On peut produire de l'énergie à partir de nombreux éléments naturels : même l'huile de colza peut être utilisée dans la fabrication d'un carburant pour les voitures !

* Vocabulaire

Houille : autre nom donné au charbon que l'on extrait pour produire de l'énergie.

Source d'énergie fossile : source d'énergie formée il y a des millions d'années dans les profondeurs de la Terre, comme le charbon, le pétrole ou le gaz naturel. On l'appelle aussi « source d'énergie non renouvelable ».

Source d'énergie renouvelable : source d'énergie naturelle qui ne s'épuise pas, comme le vent, le Soleil et l'eau.

Les réserves d'énergies fossiles risquent d'être épuisées : dans 40 ans pour le pétrole, 60 ans pour le gaz naturel et 400 ans pour le charbon. L'exploitation de leurs gisements est coûteuse et leur consommation polluante pour la planète.

Les chercheurs redécouvrent aujourd'hui les sources d'énergie renouvelables plus respectueuses de l'environnement et tentent de les faire évoluer ou d'en créer de nouvelles grâce aux progrès technologiques.

◀ Doc. 1 : Un gazoduc est une canalisation en acier qui permet le transport du gaz naturel sur de très longues distances. Le gaz naturel est la moins polluante et la moins coûteuse des énergies fossiles. Sa combustion émet moins de dioxyde de carbone que celle du charbon ou du pétrole.

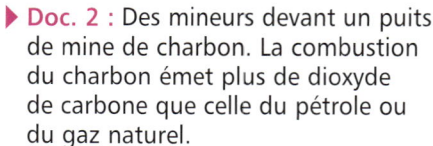

▶ Doc. 2 : Des mineurs devant un puits de mine de charbon. La combustion du charbon émet plus de dioxyde de carbone que celle du pétrole ou du gaz naturel.

◀ Doc. 3 : Une centrale nucléaire utilise le minerai d'uranium pour fonctionner. Une centrale nucléaire ne rejette pas de gaz polluants dans l'atmosphère, mais de la vapeur d'eau. Elle produit des déchets radioactifs qui posent un problème de stockage.

◀ **Doc. 4** : Un moulin à eau utilise la force motrice de l'eau : l'eau fait tourner la roue, qui entraîne des engrenages pouvant actionner une meule ou une presse, etc.

▶ **Doc. 5** : Le grand miroir du four solaire d'Odeillo, dans les Pyrénées, capture l'énergie du Soleil pour atteindre de très hautes températures.

◀ **Doc. 6** : Un autobus fait le plein de Diester. Le Diester est un biocarburant. Il contient de l'huile de colza ou de tournesol. Le Diester, mélangé au gazole, rejette moins de gaz polluants que le gaz naturel seul.

[?] **Observe les** Doc. **1 à 3. À ton avis, pourquoi dit-on que les énergies fossiles sont polluantes ? Donne des exemples de pollutions.**

[?] **À ton avis, pourquoi qualifie-t-on les énergies renouvelables d'« énergies propres »** (Doc. 4 à 6) **?**

[?] **Quelles énergies devons-nous privilégier pour respecter le développement durable ?**

J'observe

▶ **Ces photographies sont des thermographies. Elles ont été prises à l'infrarouge, ce qui permet de voir la chaleur.**

**Plus il y a de rouge et surtout de jaune, plus il y a de pertes de chaleur.
Plus les couleurs sont dans les tons bleus ou verts, moins il y a de pertes de chaleur.**

▲ Doc. 1 : La thermographie d'une maison mal isolée.

▲ Doc. 2 : La thermographie d'une maison bien isolée.

[?] **Observe le** Doc. 1. **Quelles sont les parties de la maison par lesquelles il y a le plus de pertes de chaleur ?**

[?] **Compare les** Doc. 1 et 2. **Quelles parties faut-il le mieux isoler pour conserver la chaleur dans une maison ?**

 ## Je lis

▶ **Les ressources énergétiques ne sont pas inépuisables. En changeant nos habitudes quotidiennes, nous pouvons réduire notre consommation d'énergie.**

– Les chargeurs des ordinateurs et des téléphones portables consomment de l'électricité s'ils restent branchés.
– La télévision, le lecteur de DVD et l'ordinateur consomment de l'électricité quand ils sont en veille.
– Les temps de cuisson des aliments sont plus courts si on met un couvercle sur les casseroles.
– Le réfrigérateur et le congélateur consomment moins d'électricité s'ils sont dégivrés régulièrement.
– Les programmes « éco » du lave-linge ou du lave-vaisselle permettent d'économiser jusqu'à 40 % d'électricité.

[?] **Quels gestes peux-tu faire pour économiser de l'énergie à la maison ?**

[?] *Trouve d'autres gestes quotidiens pour faire des économies d'énergie.*

Je comprends

▶ **Réalise les expériences suivantes pour comprendre le rôle des matériaux isolants.**

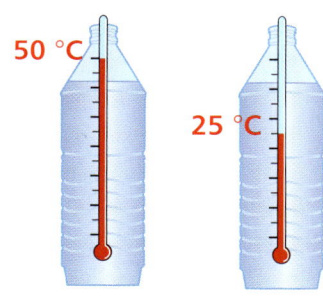

50 °C   25 °C

▲ **Expérience 1 :** On place de l'eau chaude à 50 °C dans une bouteille. Une demi-heure plus tard, l'eau est à 25 °C.

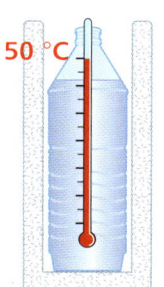

50 °C   44 °C

▲ **Expérience 2 :** On place de l'eau chaude à 50 °C dans une bouteille entourée de polystyrène. Une demi-heure plus tard, l'eau est à 44 °C.

[?] **Dans quel cas l'eau conserve-t-elle le mieux la chaleur ? Pourquoi ?**

— **Hypothèse 1 : parce que le polystyrène empêche la chaleur de passer.**

— **Hypothèse 2 : parce que le polystyrène chauffe.**

▶ **Pour pouvoir répondre, on fait une seconde expérience avec de l'eau froide sortant du réfrigérateur.**

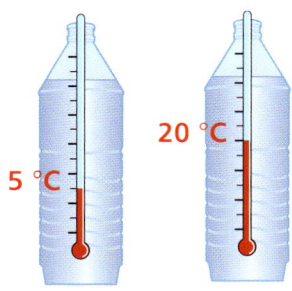

5 °C   20 °C

▲ **Expérience 3 :** Une demi-heure plus tard, l'eau est à 20 °C.

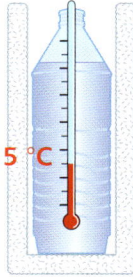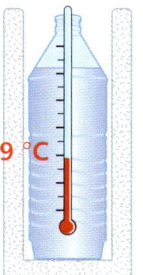

5 °C   9 °C

▲ **Expérience 4 :** Une demi-heure plus tard, l'eau est à 9 °C.

▶ **Étonnant !**

Les vêtements en laine ou en « polaire » ne chauffent pas. Ils permettent seulement de conserver la chaleur de notre corps.

[?] **Quelle hypothèse est vérifiée ?**

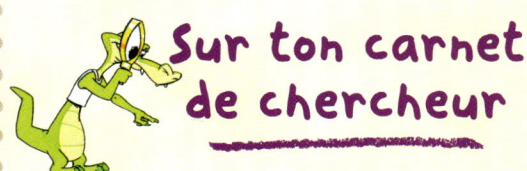

Sur ton carnet de chercheur

- Réalise une enquête sur les pertes d'énergie chez toi : recherche les endroits non isolés (portes, fenêtres, murs, plafonds, tuyaux d'eau chaude ou de chauffage…).

La chaleur se propage naturellement du plus chaud vers le plus froid, jusqu'à ce que la température soit la même partout. Cependant, **certains matériaux sont isolants, donc ne conduisent pas la chaleur.** Ils ralentissent les échanges de chaleur. C'est le cas du **polystyrène** et de la **laine de verre**. On les utilise pour isoler les maisons, afin d'y conserver la chaleur en hiver et la fraîcheur en été.

Comment se chauffer avec le Soleil ?

J'observe

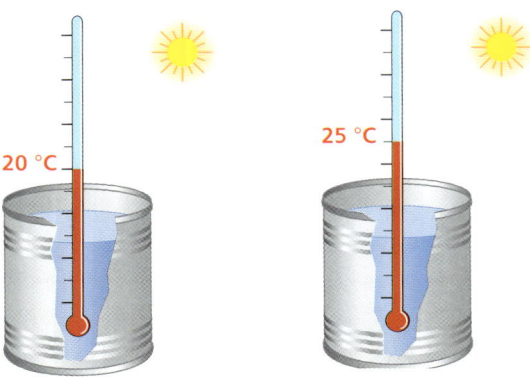

▲ **Expérience 1 :** Une boîte de conserve brillante, remplie d'eau à 20 °C, est placée en plein soleil. 20 minutes plus tard, l'eau est à 25 °C.

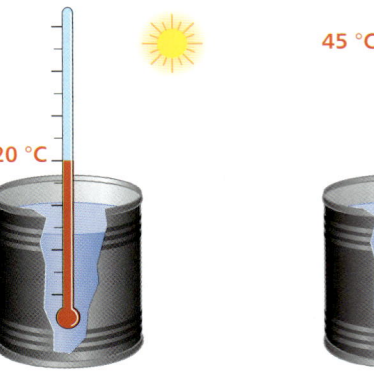

▲ **Expérience 2 :** Une boîte de conserve peinte en noir, remplie d'eau à 20 °C, est placée en plein soleil. 20 minutes plus tard, l'eau est à 45 °C.

[?] Observe les expériences 1 et 2. Qu'a-t-on voulu tester ?

[?] Quels sont les résultats de ces deux expériences ?

[?] Que peux-tu en conclure ?

Je lis

▶ **Un chauffe-eau solaire**

▲ **Doc. 1 :** Un caisson isolé par de la laine de verre.

▲ **Doc. 2 :** Une plaque absorbante noire.

▲ **Doc. 3 :** Un tube dans lequel circule l'eau.

▲ **Doc. 4 :** Une plaque de verre (double vitrage).

[?] Quels éléments composent le chauffe-eau solaire ?

[?] Quel est le rôle de chacun de ces éléments ? Tu peux répondre en utilisant tous les éléments de cette double page.

Je comprends

❭ **L'efficacité d'un capteur solaire dépend de son isolation et de son orientation.**

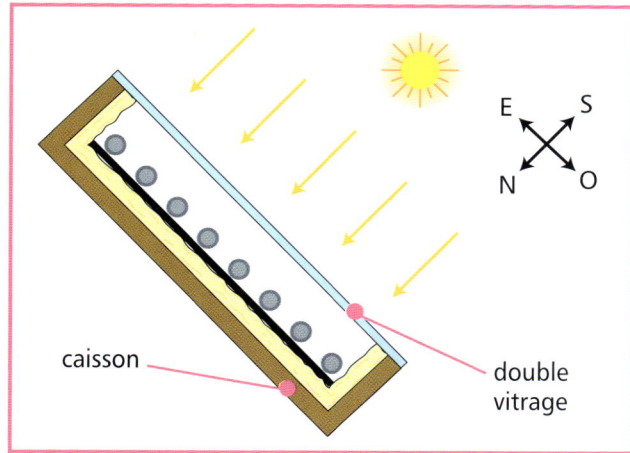

caisson

double vitrage

◀ **Doc. 5 :** Le capteur est recouvert d'un double vitrage qui améliore son isolation et évite les pertes de chaleur du côté de la vitre.

❭ **Doc. 6 :** Une photopile utilise le Soleil pour produire de l'électricité. Elle doit être tournée face au Sud et inclinée.

◀ **Doc. 7 :** Une maison solaire doit avoir de grandes baies vitrées sur sa façade sud et une bonne isolation.

L'efficacité d'un capteur solaire dépend de 3 facteurs : de sa couleur, de son isolation et de son orientation.

Sur ton carnet de chercheur

• Réalise l'expérience proposée. Que peux-tu en conclure sur le rôle de la vitre qui recouvre un capteur solaire ?

❭ **Étonnant !**

Depuis des siècles, les jardiniers utilisent les propriétés des capteurs solaires pour construire des châssis qui permettent d'accélérer la croissance de leurs plantes.

✳ Vocabulaire

Capteur solaire : dispositif qui permet de transformer la lumière du Soleil en chaleur.

J'observe

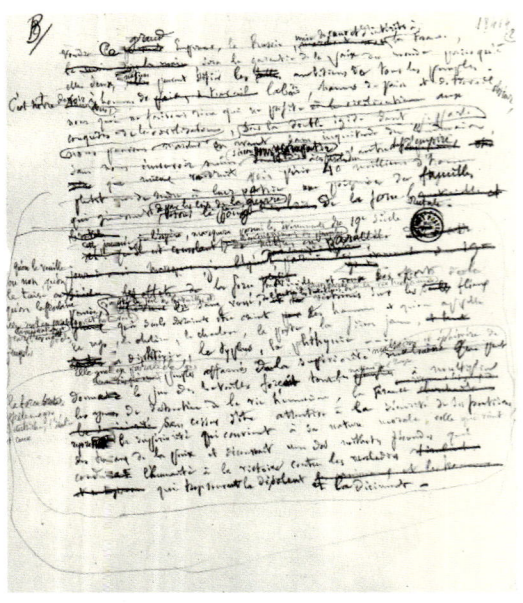

▲ Doc. 1 : Un brouillon de discours de Louis Pasteur.

▲ Doc. 2 : Louis Pasteur, biologiste inventeur du vaccin contre la rage en 1885.

[?] Pourquoi le document rédigé par Pasteur est-il autant raturé ?

[?] À quoi lui servait cet écrit ?

 ## Je lis et je manipule

▶ **Comme Pasteur et beaucoup d'écrivains, lorsque tu produis un écrit, tu rédiges d'abord un brouillon. Ensuite tu nettoies le texte et tu l'organises. Suis les étapes pour savoir comment utiliser un logiciel de traitement de texte (Word).**

1• Saisis le titre de ton texte. Pour qu'il apparaisse au milieu, sélectionne ton titre avec ta souris. Puis dans la barre d'outils clique sur l'icône ▤ .

Pour qu'il apparaisse en gras ou en italique, clique sur les icônes **G** et *I*.

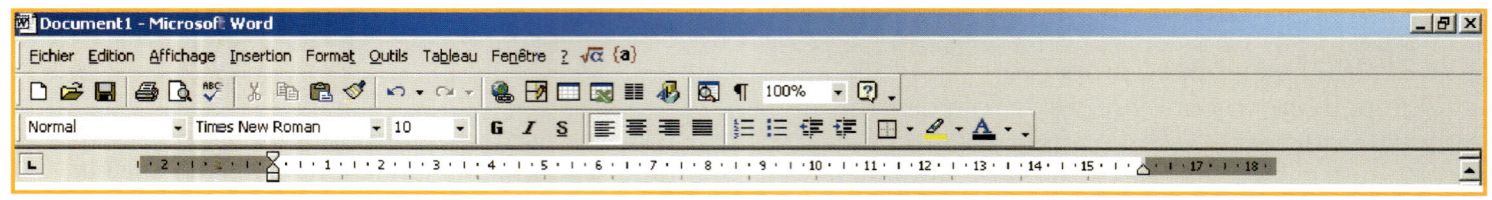

2• Enregistre ton texte dans un fichier.
Clique sur « Fichier », « Enregistrer sous ».
Choisis un emplacement et un titre pour
enregistrer ton fichier. Tu sauras toujours
où il est !

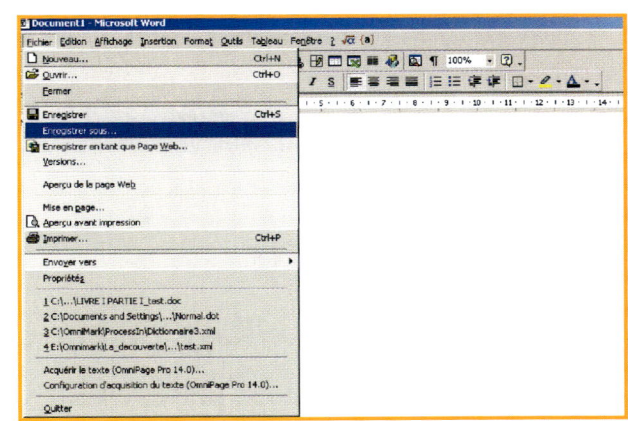

3• Saisis le plan : pour afficher les différentes
parties de ton texte, utilise l'icône ,
les numéros des parties s'affichent
chaque fois que l'on revient à la ligne.

4• Saisis ton texte « au kilomètre », sans te soucier de la mise en page.

5• Quand tu as saisi tout ton texte, organise-le en fonction de ton plan. Va à la ligne
à la fin de la première partie, laisse une ligne libre avant le titre de la deuxième
partie, passe en gras et centre le titre de la deuxième partie…

6• Si tu veux changer une phrase ou un paragraphe de place dans ton texte, tu fais
un « couper-coller ». Sélectionne avec ta souris la phrase que tu veux déplacer.
Clique sur l'icône « Couper »   : la phrase disparaît. Place le point d'insertion
à l'endroit du texte que tu désires, puis clique sur l'icône « Coller »   : ta phrase
apparaît.

7• Pour faire des sous-paragraphes, tu peux utiliser des puces. Clique dans « Format »,
« Puces et numéros », puis choisis le type de puce que tu désires : des flèches,
des points, des tirets… À chaque fois que tu iras à la ligne, une puce apparaîtra
en début de ligne.

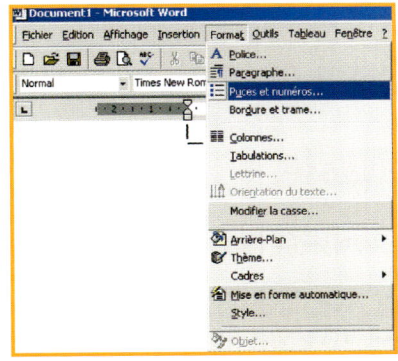
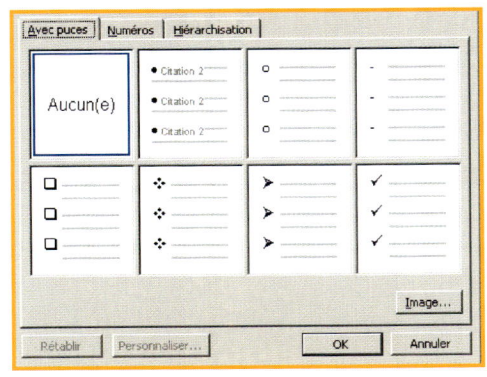

8• Ton texte est mis en forme. Tu n'as plus qu'à le relire pour vérifier l'orthographe.
Tu peux utiliser le correcteur d'orthographe de ton traitement de texte en cliquant
sur   . Sois attentif, car les propositions de ton ordinateur ne sont pas toujours
judicieuses !

[?] **Choisis une des expériences de l'année que tu as préférée. Saisis ton compte rendu d'expérience
avec un traitement de texte, puis mets-le en forme en suivant ces instructions.**

51 Comment insérer une image dans un texte ?

 ## J'observe

Visite de la Grave, village perché des Hautes-Alpes

Dimanche, notre classe est partie en car visiter le très réputé village de la Grave.

Savez-vous à quoi est due sa notoriété ? Tout d'abord à la splendeur de son site, l'un des plus beaux massifs de l'Oisans ; puis à l'épreuve de ski de vitesse appelée « le Derby de la Metje » organisée tous les ans au mois de mars ou d'avril. Chaque concurrent doit dévaler les 3 800 mètres le plus vite possible par n'importe quel moyen de glisse. Le but est d'arriver premier en bas des pistes.

Justine, élève de CM2.

 ## Je lis et je manipule

▶ **Pour réaliser ce document, Justine a d'abord rédigé son texte, puis elle a recherché les photos qu'elle voulait mettre sur sa page.**

L'image peut être une photo numérisée*, un dessin ou une photo scannés* et enregistrés dans un fichier.

Justine te conseille pour que tu fasses la même chose.

1• Avec la souris, place le point d'insertion à l'endroit où tu veux insérer une image dans ta page.

2• Clique sur « Insertion », et déroule le menu jusqu'à « Image », puis « À partir du fichier ».

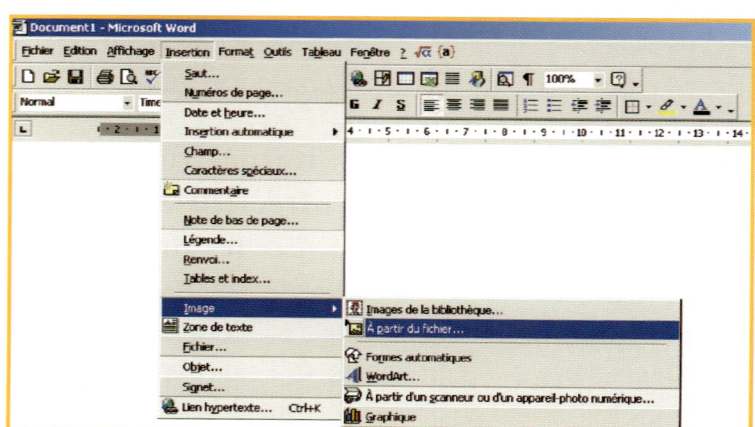

3• Recherche le fichier dans lequel tu as enregistré l'image que tu désires. L'aperçu de l'image apparaît sur l'écran : tu ne peux pas faire d'erreur.

Quand tu as choisi ton image, clique sur « Insérer » : l'image se place à l'endroit que tu avais sélectionné dans ton texte.

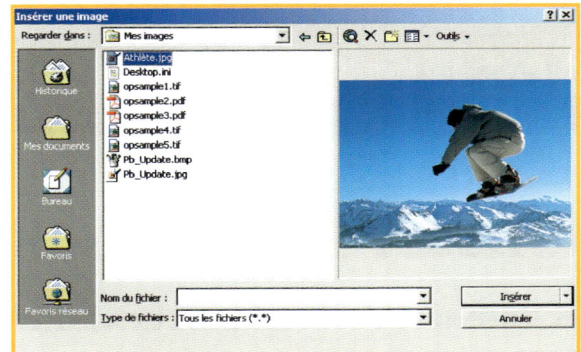

4• Tu peux changer les dimensions de ton image. Clique sur la photo, tu vois apparaître des petits carrés tout autour : ce sont des poignées. En plaçant ta souris sur une des poignées, tu peux agrandir ou réduire le format de l'image.

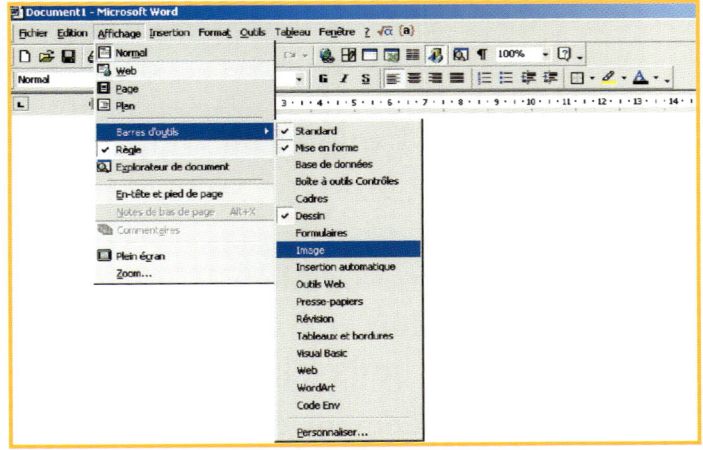

5• L'image chasse le texte, elle fait bouger ta mise en page. Tu dois donc organiser l'espace de ta page en fonction du texte et de l'image. Clique sur la photo : les poignées réapparaissent. Dans la barre d'outils, clique sur « Affichage », « Barre d'outils », puis « Image ».

6• Une nouvelle barre d'outils apparaît. Clique sur l'icône « Habillage du texte ».

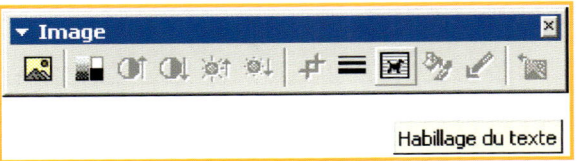

7• Choisis de quelle manière tu veux que le texte se positionne par rapport à ton image : au-dessus, en dessous, autour…

[?] **Suis les instructions et insère une image dans un document.**

* Vocabulaire

Numériser : convertir une information (texte, son, image) sous forme informatique.

Scanner : numériser un document (texte, image) par passage au scanner.

Comment faire une recherche documentaire ?

Je lis et je manipule

▶ **Tu dois faire une recherche documentaire sur Internet à propos des volcans pour préparer un exposé en classe. Tu as besoin de textes, de photos... et pourquoi pas de vidéos ! Comment vas-tu faire ?**

Je choisis le thème de ma recherche

Avant de commencer ta recherche, tu dois savoir très précisément sur quel thème tu travailles. Souhaites-tu des volcans en activité ou pas ? Des volcans qui crachent de la lave ou de la fumée ?, etc. Fais la liste très précise des mots-clés de ta recherche.

J'utilise un moteur de recherches

Allume l'ordinateur et connecte-toi sur Internet (par Internet Explorer ou Netscape). Il existe plusieurs moteurs de recherches. Nous te proposons d'utiliser « Google » : **www.google.fr**

Sur la page d'accueil, tape dans la fenêtre les mots-clés qui correspondent le mieux à ce que tu recherches : « volcans + éruptions », « volcans + films », « volcans + photos »...

Sélectionne la recherche en français : tu obtiendras ainsi uniquement des sites français ou francophones.

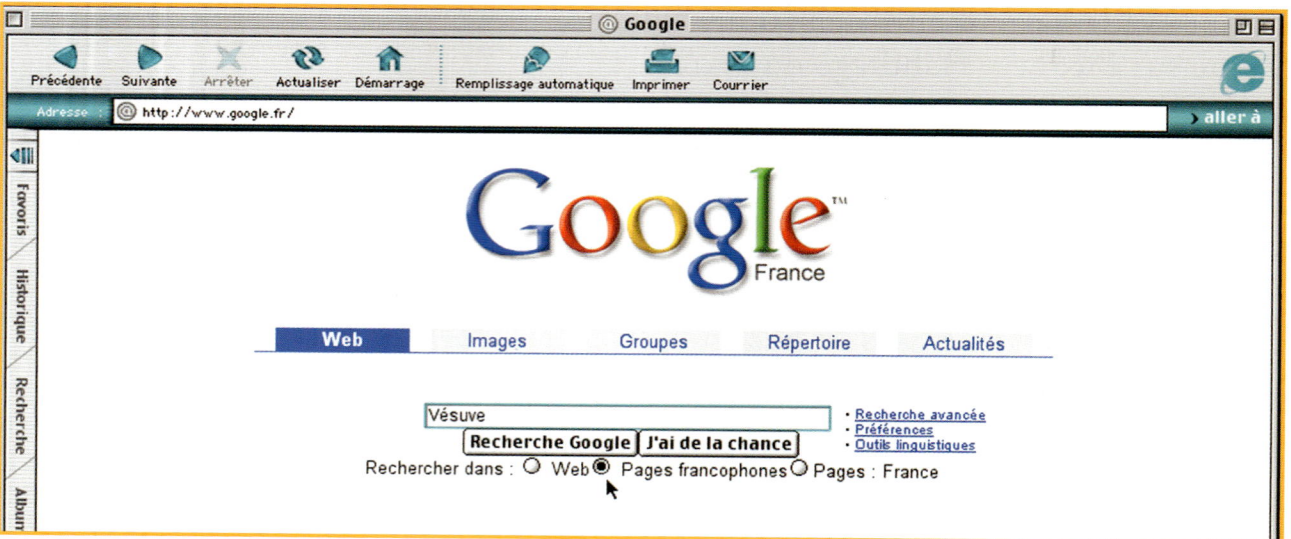

Je sélectionne les informations

Le moteur de recherche trouve plusieurs sites qui correspondent à ton thème. En général, les réponses les plus pertinentes apparaissent en premier dans la liste.

Quelques sites devraient te suffire. Pour savoir quels sites correspondent le mieux à ton thème, lis d'abord les quelques lignes qui te sont données. Élimine les sites qui ne correspondent pas à ce que tu recherches.

Vulcania: parc européen du volcanisme - Sciences et Education ...
... Sciences et Education. Sciences et Education - **Volcans** et **Eruptions**. **Volcans** et **Eruptions**. **Volcans** et **Eruptions**. Les **éruptions** volcaniques ...
www.vulcania.com/francais/sciences/dossiers.php - 9k - En cache - Pages similaires

Glossaire
Un site dédié aux **volcans** avec explications sur : les **éruptions**, les laves, et un glossaire. ...
volcans.free.fr/search.htm - 18k - En cache - Pages similaires

Le volcan de la Fournaise
Tout savoir sur les **volcans**: la fournaise à la Réunion et ses dernières **éruptions**, des galeries de photos, des itinéraires détaillés de randonnées, des ...
www.fournaise.info/ - 45k - 22 nov 2004 - En cache - Pages similaires

Annuaire Kidadoweb - Les **volcans** pour les enfants et les ados
... Les **volcans** - Origines et types de **volcans**, leurs **éruptions** et histoire de Pompéi. Volcanoes - [Ados/Grands ados] - Histoire ...
www.kidadoweb.com/index.php?t=sub_pages&cat=2298 - 23k - En cache - Pages simil

Je conserve les documents

Clique sur la partie soulignée : tu accèdes directement à un site Internet sur les volcans.

Si le texte t'intéresse, tu peux le conserver : sélectionne le texte ou seulement une partie avec ta souris, fais « Copier », puis « Coller » dans un document de ton traitement de texte.

Si tu veux conserver une photographie, clique dessus, puis choisis « Enregistrer sous » pour l'archiver dans le dossier que tu désires.

Tu pourras insérer la photo dans ton texte et mettre en page l'ensemble.

Tu peux aussi imprimer toute la page du site Internet.

? Suis ces indications pour faire ta propre recherche documentaire sur Internet.

MON DICO DE SCIENCES

A

Accouchement : fait de mettre au monde un enfant.

Appareil excréteur : ensemble des organes qui interviennent dans le rejet des déchets de l'organisme.

Appareil génital : ensemble des organes qui interviennent dans la reproduction.

Artère : vaisseau sanguin qui transporte le sang du cœur vers les organes.

Asphyxier : mourir par manque d'air.

Azimut : angle formé par une direction avec le Nord. L'azimut se mesure à partir du Nord dans le sens des aiguilles d'une montre.

C

Canalisation : tuyau dans lequel voyage l'eau potable.

Capillaire : vaisseau sanguin très fin qui irrigue les organes.

Capteur solaire : dispositif qui permet de transformer la lumière du Soleil en chaleur.

Carotide : chacune des deux artères qui passent des deux côtés du cou et qui conduisent le sang à la tête.

Champ magnétique : zone autour de l'aimant à l'intérieur de laquelle se ressent la force de l'aimant.

Cholestérol : graisse qui se trouve dans le sang et qui peut boucher les artères.

Conducteur : se dit d'un matériau qui laisse passer le courant électrique.

Constellation : groupe d'étoiles fixes et voisines. Si on trace des lignes imaginaires entre ces étoiles, elles forment une figure : la Grande Ourse a la forme d'une casserole.

Construction parasismique : bâtiment qui répond aux règles de sécurité en cas de séisme. Les murs et les fondations sont étudiés pour résister à des secousses violentes et pour ne pas s'écrouler.

Contraction : l'utérus est un muscle qui se contracte à intervalles réguliers quand la naissance approche.

Croissance harmonieuse : développement équilibré du corps en taille et en poids.

D

Déshydratation : diminution de la quantité d'eau contenue dans l'organisme.

Développement durable : fait de concilier le progrès technique, les nécessités économiques et la préservation de notre planète.

Dioxyde de carbone : gaz rejeté par les poumons, appelé autrefois « gaz carbonique ».

Dioxygène : gaz indispensables à la vie, appelé autrefois « oxygène ».

Dragage : nettoyage du fond d'une rivière, d'un marais ou d'un lac en raclant la boue, la vase...

E

Échelle de Richter : mesure de la magnitude d'un tremblement de terre, c'est-à-dire de l'énergie libérée par le séisme à son foyer. L'échelle comporte 9 degrés, 1 pour le plus faible, 9 pour le plus fort.

Échographie : examen médical qui permet de voir l'intérieur du corps sur un écran. L'échographie est utilisée au cours de la grossesse pour voir le fœtus dans le ventre de sa mère et pour vérifier que le fœtus se développe normalement.

« Écocitoyen » : individu qui s'implique dans la vie de la société et dans la préservation de l'environnement.

Écosystème : dans un même milieu, ensemble des êtres vivants et des éléments non vivants qui sont en relation entre eux.

Électriser : communiquer une charge électrique à un objet.

Embryon : organisme aux premiers stades de son développement.

Engrais : produit qui rend la terre plus fertile et facilite la croissance des plantes en les nourrissant (le fumier est utilisé comme engrais naturel).

Épandage : action de répandre du fumier ou un engrais sur un champ.

Équinoxe : position particulière de la Terre sur son orbite autour du Soleil. Le Soleil est à la verticale de l'équateur et la durée du jour est égale à celle de la nuit.

Éruption : manifestation de la Terre qui se traduit par la projection par un volcan de lave, de cendres, de fumées ou de gaz.

Espèce : groupe d'être vivants qui ont des points communs. Deux animaux d'une même espèce peuvent avoir des petits ensemble.

Espérance de vie : nombre moyen d'années que peut vivre un individu.

Étamine : organe mâle de la fleur.

F

Faille : cassure en longueur plus ou moins large à la surface de la Terre.

Féculent : aliment qui contient une sorte de farine : la fécule. La pomme de terre, le riz et les pâtes sont des féculents.

Fléau : pièce rigide en équilibre sur laquelle reposent les plateaux d'une balance.

Forage : action de creuser un trou mécaniquement (forer).

G

Génération : degré de filiation de père à fils et de mère à fille. Il y a deux générations de grand-père à petit-fils.

Germination : développement de la jeune plante contenue dans la graine.

Gestation : temps pendant lequel un embryon se développe dans le ventre de sa mère.

Grossesse : période de neuf mois pendant laquelle une femme attend un bébé, où elle est enceinte.

H-I

Hiberner : entrer en vie ralentie pendant l'hiver, en abaissant la température de son corps.

Houille : autre nom donné au charbon que l'on extrait pour produire de l'énergie.

Incandescent : très chaud, sans flamme.

Isolant : se dit d'un matériau qui ne conduit pas le courant électrique.

Isolant thermique : matériau qui empêche la chaleur de se déplacer. Il est efficace aussi bien pour conserver le chaud que le froid.

J-L

Jumeaux : deux enfants nés lors du même accouchement.

Lave : matière en fusion qui jaillit lors des éruptions volcaniques et qui se refroidit sous différentes formes (cendres, pierres…).

Levier : barre rigide que l'on glisse sous les objets lourds pour les soulever.

M

Masse : quantité de matière d'un objet. On la mesure en grammes.

Matière organique : reste de nourriture, excrément.

Microbe : être vivant microscopique qui cause des maladies.

Micro-organisme : être vivant très petit, à peine visible au microscope.

Mise bas : sortie du bébé du ventre de la mère.

Mytiliculteur : producteur de moules.

N

Nappe phréatique : nappe d'eau souterraine emprisonnée dans les roches.

Nitrate : engrais chimique.

Numériser : convertir une information (texte, son, image) sous une forme informatique.

Nutriments : protéines, sucres, eau et sels minéraux contenus dans les aliments, et qui passent dans le sang au moment de la digestion.

O

Obésité : excès de poids.

Oiseau migrateur : espèce animale qui se déplace selon un rythme saisonnier, souvent sur plusieurs milliers de kilomètres.

Omnivore : qui mange aussi bien des plantes que de la viande.

Ovaire : organe de reproduction de la femelle (et de la fleur).

Ovule : cellule reproductrice femelle.

P

Palan : appareil qui permet de soulever des objets lourds grâce à un système de poulies.

Pendule : un pendule est une masse qui se balance régulièrement, suspendue à un fil.

Perméabilité : être perméable, c'est-à-dire laisser passer l'eau.

Pesanteur : force qui attire tous les corps vers le centre de la Terre. C'est l'attraction terrestre.

Pesticide : substance toxique pour les insectes et les microbes qui peuvent attaquer les cultures.

Phase : changement de forme apparent de la Lune.

Pivot : endroit où se fait l'équilibre, point d'appui.

Placenta : organe où se font les échanges respiratoires et nutritifs entre la mère et l'embryon.

Points cardinaux : repères qui permettent de s'orienter sur Terre et d'indiquer une direction.

Pollen : minuscule grain produit par les étamines, il contient les cellules mâles.

Pouls : perception des battements du cœur.

Procréation : fait de donner naissance à un enfant (pour les hommes) ou a des petits (pour les animaux).

Puberté : période de la vie au cours de laquelle les caractères sexuels secondaires apparaissent. Elle se caractérise par un changement dans le rythme de croissance.

Q-R

Quadruplés : quatre enfants nés lors du même accouchement.

Rendement : quantité de plantes produites sur un champ.

Révolution : trajectoire de la Terre autour du Soleil.

Rotation : mouvement de la Terre qui tourne sur elle-même.

Rythme cardiaque : nombre de battements du cœur par minute.

Rythme respiratoire : nombre d'inspirations et d'expirations par minute.

S

Scanner : numériser un document (texte, image) par passage au scanner.

Secousse tellurique : secousse de la Terre, tremblement de terre, séisme.

Sismographe : appareil de mesure de l'intensité des séismes.

Solstice : position particulière de la Terre sur son orbite autour du Soleil. Le solstice d'été, vers le 21 juin, est la journée la plus longue de l'année. Le solstice d'hiver, vers le 21 décembre, est la journée la plus courte de l'année dans l'hémisphère Nord.

Source d'énergie fossile : source d'énergie formée il y a des millions d'années dans les profondeurs de la Terre, comme le charbon, le pétrole ou le gaz naturel. On l'appelle aussi « source d'énergie non renouvelable ».

Source d'énergie renouvelable : source d'énergie naturelle qui ne s'épuise pas, comme le vent, le Soleil et l'eau.

Spermatozoïde : cellule reproductrice mâle.

Sperme : semence du mâle qui contient les spermatozoïdes.

Suc digestif : substance chimique qui intervient dans la digestion des aliments.

T-V

Treuil : cylindre autour duquel s'enroule une corde ou un câble. On fait tourner le treuil grâce à une manivelle.

Triplés : trois enfants nés lors du même accouchement.

Veine : vaisseau sanguin qui ramène le sang des organes vers le cœur.

Crédits photographiques

Le ciel et la Terre

p. 8, d : © M. Philipps / Sunset ; **g** : © Ciel et Espace / A. Fuji / S. Aubin ; **p. 9, h** : © P. Parviainen / Ciel et Espace ; **b** : © Sunset / NHPA ; **p. 10, g** : © Royalty-Free / Corbis ; **m** : © C. Abad / Photononstop ; **d** : © Photodisc Green / Getty Images **p. 18, g** : © Mauritius / Photononstop ; **d** : © T. Fred / Hoa-Qui ; **b** : © Mary Evans / Keystone-France ; **p. 20, hg** : © P. Roy / Hoa-Qui ; **bd** : © Madrid, collection particulière / Oronoz ; **hd** : Musée naval, Madrid, Espagne © G. Dagli Orti ; **bg** : © American School, Athènes / Archives Nathan ; **p. 21, g** : © J.-C. Gérard / Photononstop ; **d** : © Ange / Photothèque Wallis ; **p. 22, d** : © D. Parker / Science Photo Library / Cosmos ; **g** : © Hires Chip / Gamma ; **p. 24, g** : © J. Damase / Explorer / Hoa-Qui ; **m** : © M. Krafft / Hoa-Qui ; **d** : © D. Peebles / Corbis ; **p. 28, g** : © Keystone ; **d** : © Imaz Press / Gamma.

Unité et diversité du monde vivant

p. 30, hg et hd : A. et J. Six ; **b** : © Seapics.com ; **p. 31, hg** : © Sunset / Horizon Vision ; **hd** : © Sunset / Animals Animals ; **bg** : © L. Stone / Animals Animals / Earth Scenes ; **bd** : © Sunset / NHPA ; **p. 32 et 33**, © J.-M. Labat / Bios Phone ; **p. 34, hg** : © Sunset / LACZ ; **hd** : © H. Schwind / Jacana / Hoa-Qui ; **b** : © D. Cauchoix / Jacana / Hoa-Qui ; **p. 36**, J. Guichard ; **p. 38**, © J.-M. Labat / Bios Phone ; **p. 39, g et m** : J.-M. Labat / Bios Phone ; **d** : © Labat / Lanceau / Bios Phone ; **p. 40, g** : © P. Roy / Hoa-Qui ; **m** : © G. Morand-Grahame / Hoa-Qui ; **d** : © Sunset / FLPA ; **bd** : © F. Lamarque / MAP ; **p. 46**, (loup) : © M. Breuer / Age Fotostock / Hoa-Qui ; (berger allemand, dalmatien et saint-bernard) : © A. Bacchella / Jacana / Hoa-Qui ; (basset) : © F. Lukasseck / Age Fotostock / Hoa-Qui ; (caniche) : © U. Schanz / Jacana / Hoa-Qui ; **p. 47, h** : © Sunset / NHPA ; **bg** : © B. Borrell / Hoa-Qui ; **bd** : © J.-M. Labat / P. Rocher / Bios Phone ; **p. 48, hg** : © J. Cancalosi / Hoa-Qui ; **hd et md** : © J.-C. Munoz / Age Fotostock / Hoa-Qui ; **mg** : J. Greenberg / Age Fotostock / Hoa-Qui ; **bg** : © R. T. Nowitz / Age Fotostock / Hoa-Qui ; **bd** : © D. Scott / Age Fotostock / Hoa-Qui ; **b** : © L. Psihoyos / Cosmos ; **p. 54, g** : musée des Antiquités nationales de Saint-Germain-en-Laye © J.-G. Berizzi / Photo RMN ; **d** : © H. Chaumeton / Hoa-Qui ; **p. 55, g** : musée des Antiquités nationales de Saint-Germain-en-Laye © R.-G. Ojéda / Photo RMN ; **d** : © P. Bourseiller / Hoa-Qui : **p. 56, hg** : © I. Arndt / Jacana / Hoa-Qui ; **hm** : © www.arcticphoto.co.uk ; **hd** : © A. Visage / Sunset ; **b** : © U. Walz / Jacana / Hoa-Qui ; **p. 57**, © T. Walker / Jacana / Hoa-Qui.

Éducation à l'environnement

p. 58, g : © M. Harvey / Gallo Images / Corbis ; **d** : © A. Bannister / Gallo Images / Corbis ; **b** : © J.-M. Labat / P. Rocher / Bios Phone ; **p. 59, hg** : © C. Vockland / Age Fotostock / Hoa-Qui ; **hd** : © K. Aitken / Age Fotostock / Hoa-Qui ; **bg** : © Dinodia / Age Fotostock / Hoa-Qui ; **bd** : © A. Even / Photononstop ; **p. 62, hg** : © Sunset / Holt Studios ; **bg** : © W. Otto / Age Fotostock / Hoa-Qui ; **d** : © J. Cancalosi / Age Fotostock / Hoa-Qui ; **p. 63, g** : © S. Grant / Age Fotostock / Hoa-Qui ; **d** : © M. Garnier / Hoa-Qui ; **p. 66, hg** : © J.-J. Poirault / Bios ; **hd** : © M. Djamdjian / Gamma ; **bg** : © E. Viallet / Bios ; **bd** : © P. Sittler / REA ; **p. 67, hg** : © Altitude / Y. Arthus-Bertrand ; **hd** : © L. Cary / Age Fotostock / Hoa-Qui ; **bg** : © J.-B. Pierme / Bios ; **bd** : © Oliv / Bios ; **p. 68, g** : © R. Hamilton Smith / Corbis ; **m** : © D. Delfino / Sunset ; **d** : P. Crochet / Photononstop ; **b** : J.-J. Alcalay / Bios ; **p. 72, hg** : © B. Morandi / Age Fotostock / Hoa-Qui ; **md** : © S. Saïsse ; **hd** : © J.-C. Gérard / Photononstop ; **bg** : *La Place de l'Apport-Paris devant le Grand Châtelet*, détail, gouache sur papier vers 1802, Thomas Naudet (1173-1810) © Bridgeman ; **bd** : © F. Soltan / Hoa-Qui ; **p. 73**, © Sunset / Rex ; **p. 74, hd** : © Opgenhaffen / Reporters-REA ; **hg** : © D. Drain / Still Pictures / Bios ; **b** : © J.-L. Dolmaire / DCNT Photos ; **p. 75**, © Faillet / Keystone-France ; **p. 76, hg** : © Sunset / Letnap ; **hd** : © N. Tavernier / REA ; **bd** : © J. Woodcock / Reflections.

Le corps humain et l'éducation à la santé

p. 80, g : © Sovereign / ISM ; **hd** : © J.-C. Révy / ISM ; **bd** : © W. Reiter / Phototake / ISM ; **p. 82, g** : © N. Aubrier / Age Fotostock / Hoa-Qui ; **d** : © Beauty Photo Studio / Age Fotostock / Hoa-Qui ; **p. 84, h** : Menu pour enfants et bébés créé par Auguste Escoffier (1846-1935) vers 1900, lithographie, bibliothèque des Arts décoratifs © archives Charmet / Bridgeman ; **p.85, b** : © J. Reader / Science Photo Library ; **p. 88, g** : © J.-M. Labat / Bios Phone ; **p. 89, hg et hd** : © ISM ; **p. 92, hg et hd** : © C. Guibbaud / Agence Vandystadt ; **p. 94, hg** : © CNRI / Science Photo Library / Cosmos ; **hd** : © J. Guichard ; **p. 102, g** : © F. Leroy / Biocosmos / Science Photo Library ; **mg** : © Hybrid Medical Animation / Science Photo Library ; **md** : © Dr. Y. Nikas / Science Photo Library ; **d** : © C.

Edelmann / Hoa-Qui ; **p. 104, g et m :** © C. Edelmann / Hoa-Qui ; **d :** © C. Edelmann / Petit Format / Hoa-Qui ; **p. 105, g et m :** © C. Edelmann / Hoa-Qui ; **d :** © J. Stevenson / Science Photo Library ; **p. 106, h :** © Anamorphose / Gamma ; **b :** *The Unborn Child*, Gustav Vigeland, 1923, Oslo, Norvège © The Vigeland Museum / Bono 2005 / ADAGP 2005 ; **p. 108, hg :** © BCA / CSU ; **mg et md et hd :** © BCA ; **b :** *Les Trois Âges*, Jules Scalbert (1851-1928), musée de la Chartreuse, Douai, France © Giraudon / Bridgeman Art Library.

La matière

p. 114, hg : © S. Cellai / Age Fotostock / Hoa-Qui ; **mh :** © N. Tavernier / REA ; **mb :** © F. da Costa / TOP / Hoa-Qui ; **hd :** © J.-D. Sudres / TOP / Hoa-Qui ; **p. 117, hg :** © P. Sittler / REA ; **hd :** © D. Scott / Age Fotostock / Hoa-Qui ; **bg :** © L. Cary / Age Fotostock / Hoa-Qui ; **bd :** © C. Valentin / Hoa-Qui ; **p. 118, hg :** © AKG-Images ; **hd :** © R. T. Nowitz / Age Fotostock / Hoa-Qui ; **p. 119, g :** © P. Sittler / REA ; **d :** © P. Royer / Hoa-Qui ; **b :** © C. et A. Purcell / Corbis ; **p. 120, g :** Gravure de Le Campion © Mary Evans / Keystone-France ; **d :** anonyme, © Mary Evans / Keystone-France ; **b :** gravure anonyme, © Mary Evans / Keystone-France ; **p. 121, g :** gravure de P. Ferat parue le 11 août 1878 dans *Neue Illustrirte Zeitung*, © Mary Evans / Keystone-France ; **d :** carte postale, © Mary Evans / Keystone-France.

Le monde construit par l'homme

p. 132, *Untitled* par Alexander Calder (1898-1976) © Christie's Images, London, UK / Bridgeman Giraudon / ADAGP, Paris 2005 ; **p. 134, g :** © C. R. / Palais de la Découverte ; **d :** © Guy Simonin / Palais de la Découverte ; **b :** © Lucky Comics 2005 ; **p. 138, hd :** coffret à oushebtis (serviteurs funéraires) en bois peint vers 1 000 av. J.C., Égypte, XXIe dynastie, musée du Louvre, Paris, France © G. Dagli Orti ; **hg :** balance romaine à peson en forme de tête humaine, musée de la civilisation gallo-romaine, Lyon, France © G. Dagli Orti ; **bg :** © P. Faligot / Seventh Square / CNAM / musée des Arts et Métiers ; **bd :** © J.-C. Wetzel / Photo Studio CNAM / musée des Arts et Métiers ; **p. 139 : hd :** © Gayo / Bios ; **hg :** © M. H. Pasquet / CNAM / musée des Arts et Métiers ; **bd :** © Dano / Photothèque Wallis ; **bg :** © musée de la Poste, Paris.

L'énergie

p. 140, bandeau : © G. Gay / Age Fotostock / Hoa-Qui ; **g :** © P. Bowater / Age Fotostock / Hoa-Qui ; **bd :** © J.-M. Giboux / Gamma ; **hd :** barrage de Beaumarnois, Québec, Canada © P. Lahoud / Altitude ; **p. 141, g :** © M. Garnier / Hoa-Qui ; **d :** P. Escudero / Hoa-Qui ; **p. 142, g :** © G. Rolle / REA ; **m :** © A. Devouard / REA ; **d :** © C. Thiriet / Grandeur Nature / Hoa-Qui ; **p. 143, g :** © J. Douillet / Bios ; **m :** © P. Reimbold / Hoa-Qui ; **d :** © P. Bessard / REA ; **p. 144, g et d :** © Dr. A. Tucker / Science Photo Library / Cosmos ; **p. 147, m :** © Sunset / Archiv Berlin ; **b :** © P. Gleizes / REA.

Informatique et TIC

p. 148, g : brouillon du discours de Louis Pasteur pour l'inauguration de l'Institut Pasteur © musée Pasteur ; **d :** Le biologiste Louis Pasteur photographié par Félix Nadar en 1886 © Collection ES / Keystone-France ; **p. 150,** © J.-F. Tripelon / M.-J. Jaury / TOP / Hoa-Qui.

Bandeau lexique p. 154 : © L. Real / Age Fotostock / Hoa-Qui.

Achevé d'imprimer en Espagne chez Mateu Cromo
Dépôt légal: 59026 - 05/2005 - Collection n°88 - édition 02
11/6416/9